Wilson Gonçalves de Araújo

O Fantástico Mundo dos Sistemas Elétricos de Potência

Volume 2

Editora Ciência Moderna

O Fantástico Mundo dos Sistemas Elétricos de Potência - Volume 2

Editor: Paulo André P. Marques
Produção Editorial: Dilene Sandes Pessanha
Capa: Daniel Jara
Diagramação: Daniel Jara
Copidesque: Equipe Ciência Moderna

FICHA CATALOGRÁFICA

ARAÚJO, Wilson Gonçalves de.

O Fantástico Mundo dos Sistemas Elétricos de Potência - Volume 2

Rio de Janeiro: Editora Ciência Moderna Ltda., 2023.

1. Engenharia Elétrica
I — Título

ISBN: 978-65-5842-260-0 CDD 621.3

Editora Ciência Moderna Ltda.
R. Alice Figueiredo, 46 – Riachuelo
Rio de Janeiro, RJ – Brasil CEP: 20.950-150
Tel: (21) 2201-6662/ Fax: (21) 2201-6896
E-MAIL: LCM@LCM.COM.BR
WWW.LCM.COM.BR **03/23**

Dedicatória

WILSON GONÇALVES DE ARAÚJO dedica este livro aos seus queridos pais, irmãos, irmãs, a sua família e em especial a:

Sandoval Enéas de Araújo (Pai - *in memoriam*)

Ednalva Gonçalves de Araújo (Mãe)

Wilma Gonçalves de Araújo (Irmã gêmea - *in memoriam*)

Wellington Gonçalves de Araújo (Irmão - *in memoriam*)

Joadiva Martins da Cruz (Cônjugue)

Danielle Martins Araújo (Filha), Milton Silva (Genro), Ian Araújo Silva (Neto) e Diana Araújo Silva (Neta)

Weskley Martins Araújo (Filho), Gabriela Rottili (Nora) e Heitor de Mattos Araújo (Neto)

Prefácio

O objetivo deste livro é o estudo de um equipamento elétrico estático fundamental no sistema elétrico de potência, abreviado por SEP, que é o transformador de potência. A principal finalidade deste equipamento quando instalado no sistema de potência é transmitir potência ou energia elétrica entre diferentes pontos através da indução de tensão e corrente. É ele o elo entre os diversos equipamentos que fazem parte do sistema de potência. O estudo será iniciado pelo transformador de potência monofásico mostrando os modelos dos circuitos equivalentes quando estão operando em baixas frequências, ou seja, na frequência padrão da nossa rede que é 60 Hz. Em seguida estudaremos o transformador de potência trifásico.

No capítulo 1 será estudado o assunto relacionado a sistemas trifásicos equilibrados, incluindo o operador fasorial $\dot{a}$, as relações matemáticas entre tensões e correntes trifásicas e as potências aparentes, ativa e reativa.

O capítulo 2 inicia com uma análise do transformador ideal desprezando as perdas decorrentes de sua operação em regime permanente a 60 Hz, ou seja, resistências dos enrolamentos são desprezadas, o fluxo magnético está todo confinado no núcleo e concatenando com ambos os enrolamentos, a permeabilidade do núcleo é infinita e suas perdas são desprezadas.

Continuando, será feito um estudo do transformador real abrangendo as características de sua operação, como seu circuito equivalente, reflexões de impedâncias entre os lados do transformador, os ensaios a vazio e curto-circuito etc., sempre considerando que ele esteja em regime permanente e na frequência industrial constante. Além disso, são resolvidos exemplos utilizando os modelos de transformadores ideal e real.

O capítulo 3 tem como foco o transformador trifásico, e será feita uma análise analítica das relações das tensões e das correntes entre o primário e o secundário e vice-versa nas suas conexões mais usuais.

Finalizo aqui o prefácio e desejo aos leitores que continuem com afinco os estudos nesta brilhante área da Engenharia Elétrica que são os Sistemas Elétricos de Potência.

Engenheiro Eletricista Wilson Gonçalves de Araújo.

Sumário

Capítulo 1

Sistemas trifásicos

Em todos os países desenvolvidos e em desenvolvimento e no Brasil não é diferente, a forma mais comum utilizada na planta energética, seja na geração, na transmissão e na distribuição de energia elétrica é a do sistema trifásico. Este sistema utiliza três ondas senoidais equilibradas e defasadas 120° entre si. Ele é considerado simétrico e equilibrado quando a defasagem entre as tensões são de 120° e as tensões possuem a mesma magnitude (módulo). Se houver alguma assimetria persistente que altere a relação entre as fases ou as magnitudes das tensões, o sistema passa a ser denominado de sistema desequilibrado, assunto que será estudado futuramente. Os sistemas trifásicos construídos no Brasil, e para atender uma gama muito grande e diferenciada de consumidores na baixa tensão, os módulos destas tensões, denominadas de tensões de linha, em alguns estados são padronizados em 380 Vrms, em outros, 220Vrms.

Neste sistema é possível trabalhar com dois tipos de ligações trifásicas, muito utilizados na sua topologia, denominados "estrela" e "triângulo ou delta". Na ligação "estrela" existe a união de três pontos em comum, comumente denominado de neutro (N). No esquema de ligação onde o Gerador está ligado em estrela alimentando uma carga equilibrada também em estrela, e se os pontos em comum de ambos estiverem no mesmo potencial, eles podem ser interligados. Este ponto em comum recebe a denominação de "centro-estrela". Existem redes elétricas onde cargas equilibradas ou não estão na conexão em estrela, mas seu centro estrela está flutuando e são denominados de circuitos a três fios.

A seguir são mostrados dois tipos de redes elétricas, uma com um Gerador alimentando diretamente uma carga balanceada na conexão estrela com centro estrela aterrado, Figura 1, e o outro alimentando a mesma carga na conexão delta, Figura 2. O Gerador é considerado simétrico, equilibrado e com tensões de saída na sequência ABC. A partir de agora utilizando essas redes como referências serão definidos os seguintes parâmetros elétricos:

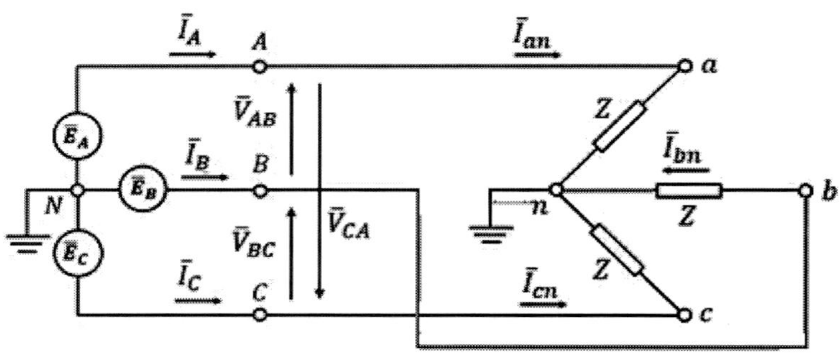

Figura 1 – Circuito trifásico simétrico e equilibrado com gerador e carga na conexão centro estrela.

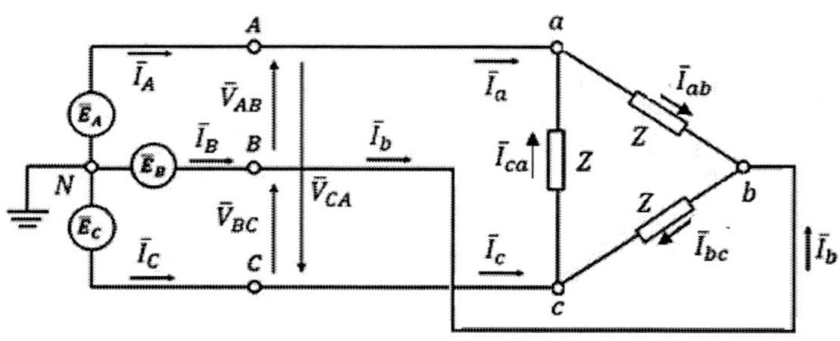

Figura 2 – Circuito trifásico simétrico e equilibrado com o gerador na conexão centro estrela e a carga em delta.

I – **Tensão de fase**: é a tensão medida entre o centro-estrela e qualquer um dos terminais do gerador ou da carga. Por exemplo, $\overline{V}_{AN}$ e $\overline{V}_{an}$na Figura 1 são consideradas tensões de fase;

II – **Tensão de linha**: é a tensão medida entre os condutores que interligam o gerador à carga e que não sejam o "centro-estrela". Por exemplo, $\overline{V}_{AB}$ ou $\overline{V}_{ab}$ na Figura 1 são consideradas tensões de linha;

III – **Corrente de fase**: é a corrente que percorre cada uma das bobinas do gerador, ou a corrente que percorre cada uma das impedâncias de carga. Por exemplo $\overline{I}_{A}$ na Figura 1 ou $\overline{I}_{ab}$ na Figura 2 são consideradas correntes de fase;

IV – **Corrente de linha**: corrente que percorre os condutores que interligam o gerador à carga, excluindo-se o neutro. Por exemplo, $\overline{I}_{A}$ na Figura 1 e Figura 2 é considerada corrente de linha.

As tensões e correntes de linha e de fase em um sistema trifásico simétrico e equilibrado, os seus valores eficazes são iguais e estão defasadas entre si de **120°** ou **2π/3** rad.

Devido a isso, essas grandezas num circuito trifásico com gerador simétrico, equilibrado e alimentando uma carga balanceada, ou seja, cargas com impedâncias iguais, ambos na conFiguração em estrela, podem ser determinados a partir de um circuito monofásico, constituído por uma das tensões de fase do gerador ligada a uma das impedâncias por um condutor de linha, o que simplifica em muito os cálculos destes parâmetros. Outro detalhe muito interessante é que em um sistema trifásico simétrico e equilibrado a corrente no condutor neutro é nula.

O sistema trifásico é frequentemente representado por fasores, pois simplifica em muito a resolução de problemas envolvendo funções senoidais no tempo. As tensões de fase e de linha de uma fonte alternada trifásica simétrica e na sequência direta ABC e na conexão estrela e com centro estrela aterrado, Figura **1**, alimentando cargas balanceadas trifásicas podem ser definidas genericamente conforme as equações fasoriais a seguir.

Tensões de fase no Gerador:

$$\overline{E}_{AN} = \overline{V}_{an} = E_A\angle\theta \tag{1.1}$$

$$\overline{E}_{BN} = \overline{V}_{bn} = E_B\angle\theta - 120^\circ \tag{1.2}$$

$$\overline{E}_{CN} = \overline{V}_{cn} = E_C\angle\theta + 120^\circ \tag{1.3}$$

Onde,

$\overline{E}_{AN}$, $\overline{E}_{BN}$ **e** $\overline{E}_{CN}$ são os fasores das tensões de fases do gerador;

E_A, E_B e E_C são os módulos das tensões de fases do gerador;

θ é o ângulo de fase da tensão.

Os fasores das tensões de linhas nos terminais do Gerador são $\sqrt{3}$ maiores que as tensões de fase e estão adiantadas de $30°$**.** Logo,

$$\begin{gathered}\overline{V}_{AB} = \sqrt{3}\overline{E}_{AN}\angle 30^\circ = \sqrt{3}(E_A\angle\theta)\angle 30^\circ \\ \overline{V}_{AB} = \sqrt{3}E_A\angle\theta + 30^\circ\end{gathered} \tag{1.4}$$

$$\begin{gathered}\overline{V}_{BC} = \sqrt{3}\overline{E}_{BN}\angle 30^\circ = \sqrt{3}(E_B\angle\theta - 120^\circ)\angle 30^\circ \\ \overline{V}_{BC} = \sqrt{3}E_B\angle\theta - 90^\circ\end{gathered} \tag{1.5}$$

$$\overline{\boldsymbol{V}}_{\boldsymbol{CA}} = \sqrt{\mathbf{3}}\overline{\boldsymbol{E}}_{\boldsymbol{CN}}\angle\mathbf{30}° = \sqrt{\mathbf{3}}(\boldsymbol{E}_{\boldsymbol{C}}\angle\boldsymbol{\theta} + \mathbf{120}°)\angle\mathbf{30}°$$
$$\overline{\boldsymbol{V}}_{\boldsymbol{CA}} = \sqrt{\mathbf{3}}\boldsymbol{E}_{\boldsymbol{C}}\angle\boldsymbol{\theta} + \mathbf{150}° \tag{1.6}$$

Supondo o Gerador um equipamento ideal, simétrico, equilibrado e na sequência ABC temos que os módulos das tensões fasoriais são iguais e as tensões fasoriais estão defasadas uma em relação às outras de 120° elétricos. Definindo,

$$\boldsymbol{E}_{\boldsymbol{A}} = \boldsymbol{E}_{\boldsymbol{B}} = \boldsymbol{E}_{\boldsymbol{C}} = \boldsymbol{V} \tag{1.7}$$

Onde:

$\boldsymbol{V}$ é o módulo de uma tensão alternada qualquer.

Então resulta em,

Tensões de fase:

$$\overline{\boldsymbol{E}}_{\boldsymbol{AN}} = \overline{\boldsymbol{V}}_{\boldsymbol{an}} = \boldsymbol{V}\angle\boldsymbol{\theta} \tag{1.8}$$

$$\overline{\boldsymbol{E}}_{\boldsymbol{BN}} = \overline{\boldsymbol{V}}_{\boldsymbol{bn}} = V\angle\boldsymbol{\theta} - \mathbf{120}° \tag{1.9}$$

$$\overline{\boldsymbol{E}}_{\boldsymbol{CN}} = \overline{\boldsymbol{V}}_{\boldsymbol{cn}} = V\angle\boldsymbol{\theta} + \mathbf{120}° \tag{1.10}$$

Tensões de linha:

$$\overline{\boldsymbol{V}}_{\boldsymbol{AB}} = \overline{\boldsymbol{V}}_{\boldsymbol{ab}} = \sqrt{\mathbf{3}}\boldsymbol{V}\angle\boldsymbol{\theta} + \mathbf{30}° \tag{1.11}$$

$$\overline{\boldsymbol{V}}_{\boldsymbol{BC}} = \overline{\boldsymbol{V}}_{\boldsymbol{bc}} = \sqrt{\mathbf{3}}\boldsymbol{V}\angle\boldsymbol{\theta} - \mathbf{90}° \tag{1.12}$$

$$\overline{\boldsymbol{V}}_{\boldsymbol{CA}} = \overline{\boldsymbol{V}}_{\boldsymbol{ca}} = \sqrt{\mathbf{3}}\boldsymbol{V}\angle\boldsymbol{\theta} + \mathbf{150}° \tag{1.13}$$

Para os cálculos das correntes de linha no circuito da Figura 1, é necessário conhecer o valor da impedância **Z**. Definindo a impedância **Z** como sendo,

$$Z = |Z|\angle\varphi \tag{1.14}$$

Onde,

$|Z|$ é o módulo da impedância e φ sua fase.

Logo as correntes de linha podem ser calculadas por,

$$\bar{I}_{an} = \frac{\bar{V}_{an}}{Z} = \frac{V\angle\theta}{|Z|\angle\varphi} = \frac{V}{|Z|}\angle\theta - \varphi \tag{1.15}$$

$$\bar{I}_{bn} = \frac{\bar{V}_{bn}}{Z} = \frac{V\angle\theta - 120°}{|Z|\angle\varphi} = \frac{V}{|Z|}\angle\theta - 120° - \varphi \tag{1.16}$$

$$\bar{I}_{cn} = \frac{\bar{V}_{cn}}{Z} = \frac{V\angle\theta + 120°}{|Z|\angle\varphi} = \frac{V}{|Z|}\angle\theta + 120° - \varphi \tag{1.17}$$

Para os cálculos das correntes de linha e de fase no circuito mostrado na Figura 2, supondo sendo a mesma impedância e sendo alimentada pelo mesmo Gerador. Temos então,

Correntes de fase no delta:

$$\bar{I}_{ab} = \frac{\bar{V}_{ab}}{Z} = \frac{\sqrt{3}V\angle\theta + 30°}{|Z|\angle\varphi} = \frac{\sqrt{3}V}{|Z|}\angle\theta + 30° - \varphi \tag{1.18}$$

$$\bar{I}_{bc} = \frac{\bar{V}_{bc}}{Z} = \frac{\sqrt{3}V\angle\theta - 90°}{|Z|\angle\varphi} = \frac{\sqrt{3}V}{|Z|}\angle\theta - 90° - \varphi \tag{1.19}$$

$$\begin{aligned}\bar{I}_{ca} = \frac{\bar{V}_{ca}}{Z} = \frac{\sqrt{3}V\angle\theta + 150°}{|Z|\angle\varphi} \\ = \frac{\sqrt{3}V}{|Z|}\angle\theta + 150° - \varphi\end{aligned} \tag{1.20}$$

Para o cálculo das correntes de linha com a carga na conexão delta temos por definição que as correntes de linha que alimentam a carga são $\sqrt{3}$ maiores que as correntes de fases e estão atrasadas de **30°**. Logo,

$$\bar{I}_a = \sqrt{3}\bar{I}_{ab}\angle - 30^\circ \tag{1.21}$$

$$\bar{I}_b = \sqrt{3}\bar{I}_{bc}\angle - 30^\circ \tag{1.22}$$

$$\bar{I}_c = \sqrt{3}\bar{I}_{ca}\angle - 30^\circ \tag{1.23}$$

Substituindo as correntes de fases obtemos,

$$\begin{gathered} \bar{I}_a = \sqrt{3}\left(\frac{\sqrt{3}V}{|Z|}\angle\theta + 30^\circ - \varphi\right)\angle - 30^\circ \\ \bar{I}_a = 3\frac{V}{|Z|}\angle\theta - \varphi \end{gathered} \tag{1.24}$$

$$\begin{gathered} \bar{I}_b = \sqrt{3}\left(\frac{\sqrt{3}V}{|Z|}\angle\theta - 90^\circ - \varphi\right)\angle - 30^\circ \\ \bar{I}_b = 3\frac{V}{|Z|}\angle\theta - 120^\circ - \varphi \end{gathered} \tag{1.25}$$

$$\begin{gathered} \bar{I}_c = \sqrt{3}\left(\frac{\sqrt{3}V}{|Z|}\angle\theta + 150^\circ - \varphi\right)\angle - 30^\circ \\ \bar{I}_c = 3\frac{V}{|Z|}\angle\theta + 120^\circ - \varphi \end{gathered} \tag{1.26}$$

Conclusão: As correntes de linha que alimentam a carga na conexão delta é 3 vezes maior em relação às correntes de linha que alimentam a mesma carga na conexão estrela e as fases das respectivas correntes continuam a mesma, ou seja,

$$\bar{I}_a = 3\left(\frac{V}{|Z|}\angle\theta - \varphi\right) = 3\bar{I}_{an} \quad (1.27)$$

$$\bar{I}_b = 3\left(\frac{V}{|Z|}\angle\theta - 120° - \varphi\right) = 3\bar{I}_{bn} \quad (1.28)$$

$$\bar{I}_c = 3\left(\frac{V}{|Z|}\angle\theta + 120° - \varphi\right) = 3\bar{I}_{cn} \quad (1.29)$$

Vejamos um exemplo com dados numéricos. Seja um gerador trifásico simétrico e equilibrado com tensão de fase **220V** alimentando uma carga em estrela com centro estrela aterrado com impedância $\boldsymbol{Z = 10\angle 25°\Omega}$, onde o módulo de $|\boldsymbol{Z}| = \mathbf{10}$ e sua fase $\boldsymbol{\varphi} = \mathbf{25°}$. Tomando a fase "$\boldsymbol{a}$" como referência, ou seja, $\boldsymbol{\theta} = \mathbf{0°}$, temos os fasores das tensões dadas por:

$$\bar{E}_{AN} = 220\angle 0°V$$

$$\bar{E}_{BN} = 220\angle -120°V$$

$$\bar{E}_{CN} = 220\angle 120°V$$

Logo as tensões de linha são:

$$\bar{V}_{AB} = \sqrt{3}\bar{E}_{AN}\angle 30° = \sqrt{3}(220\angle 0°)\angle 30° = \sqrt{3}(220)\angle 30°V$$

$$\bar{V}_{BC} = \sqrt{3}\bar{E}_{BN}\angle 30° = \sqrt{3}(220\angle -120°)\angle 30° = \sqrt{3}(220)\angle -90°V$$

$$\bar{V}_{CA} = \sqrt{3}\bar{E}_{CN}\angle 30° = \sqrt{3}(220\angle 120°)\angle 30° = \sqrt{3}(220)\angle 150°V$$

Cálculo das correntes de linha:

$$\bar{I}_{an} = \frac{\bar{V}_{an}}{Z} = \frac{220\angle 0°}{10\angle 25°} = 22\angle -25°A$$

$$\overline{I}_{bn} = \frac{\overline{V}_{bn}}{Z} = \frac{220\angle -120°}{10\angle 25°} = 22\angle -145°A$$

$$\overline{I}_{cn} = \frac{\overline{V}_{cn}}{Z} = \frac{220\angle 120°}{10\angle 25°} = 22\angle 95°A$$

Supondo o mesmo gerador trifásico agora alimentando a carga com impedâncias $Z = 10\angle 25°\Omega$ na conexão delta.

As tensões de linha que alimentam a carga na conexão delta são:

$$\overline{V}_{AB} = \sqrt{3}(220)\angle 30°V$$

$$\overline{V}_{BC} = \sqrt{3}(220)\angle -90°V$$

$$\overline{V}_{CA} = \sqrt{3}(220)\angle 150°V$$

Cálculo das correntes de fase na carga.

$$\overline{I}_{ab} = \frac{\overline{V}_{AB}}{Z} = \frac{\sqrt{3}(220)\angle 30°}{10\angle 25°} = \sqrt{3}(22)\angle 5°A$$

$$\overline{I}_{bc} = \frac{\overline{V}_{BC}}{Z} = \frac{\sqrt{3}(220)\angle -90°}{10\angle 25°} = \sqrt{3}(22)\angle -115°A$$

$$\overline{I}_{ca} = \frac{\overline{V}_{CA}}{Z} = \frac{\sqrt{3}(220)\angle 150°}{10\angle 25°} = \sqrt{3}(22)\angle 125°A$$

Cálculo das correntes de linha na carga.

$$\overline{I}_a = \sqrt{3}\overline{I}_{ab}\angle -30° = \sqrt{3}\left[\sqrt{3}(22)\angle 5°\right]\angle -30° = 66\angle -25°A$$

$$\overline{I}_b = \sqrt{3}\overline{I}_{bc}\angle -30° = \sqrt{3}\left[\sqrt{3}(22)\angle -115°\right]\angle -30° = 66\angle -145°A$$

$$\overline{I}_c = \sqrt{3}\overline{I}_{ca}\angle -30° = \sqrt{3}\left[\sqrt{3}(22)\angle 125°\right]\angle -30° = 66\angle 95°A$$

Conforme demonstrado anteriormente, as correntes de linha com a carga na conexão delta é 3 vezes maior que na conexão em estrela e as respectivas fases não são alteradas.

Na Figura 3 temos um diagrama fasorial de um sistema trifásico simétrico e equilibrado e com as tensões de linha na sequência ABC. Os módulos das tensões $\overline{V}_{AB}$, $\overline{V}_{BC}$ e $\overline{V}_{CA}$ são iguais e estão defasadas entre si de $\mathbf{120°}$.

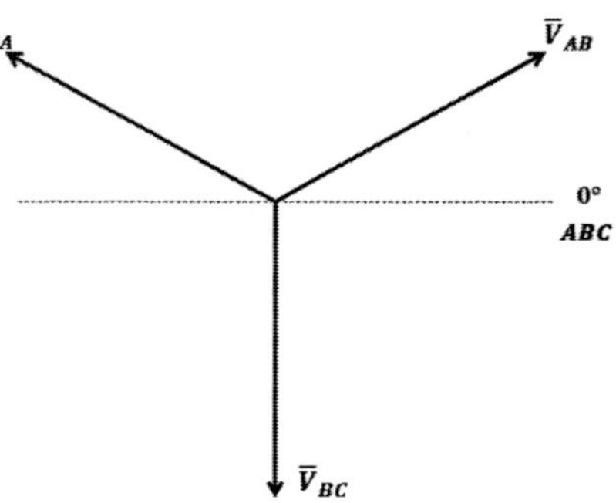

Figura 3 - Representação fasorial de tensões de linha de um sistema trifásico simétrico e equilibrado.

Existe um coeficiente que relaciona as tensões e as correntes de linha em relação às de fase que é o número real $\sqrt{3}$. Na conexão estrela, as tensões de linha são $\sqrt{3}$ vezes maiores que as tensões de fase. Neste tipo de ligação, as correntes de linha e de fase são iguais.

Na conexão delta as correntes de linha são $\sqrt{3}$ vezes maiores que as correntes de fase. Neste tipo de ligação, as tensões de linha e de fase coincidem. A demonstração a seguir mostra porque o coeficiente $\sqrt{3}$ aparece na relação entre tensões. Observe a representação fasorial das tensões de fase mostrada na Figura 4.

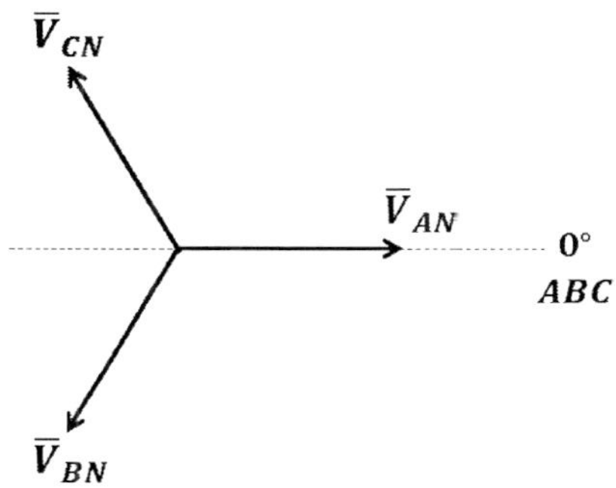

Figura 4 - Representação fasorial de tensões de fase de um sistema trifásico simétrico e equilibrado.

Fazendo uma análise analítica da tensão de linha $\overline{V}_{AB}$ na Figura 3, temos que $\overline{V}_{AB} = \overline{V}_{AN} - \overline{V}_{BN}$. Geometricamente $\overline{V}_{AB}$ é descrito na Figura 5.

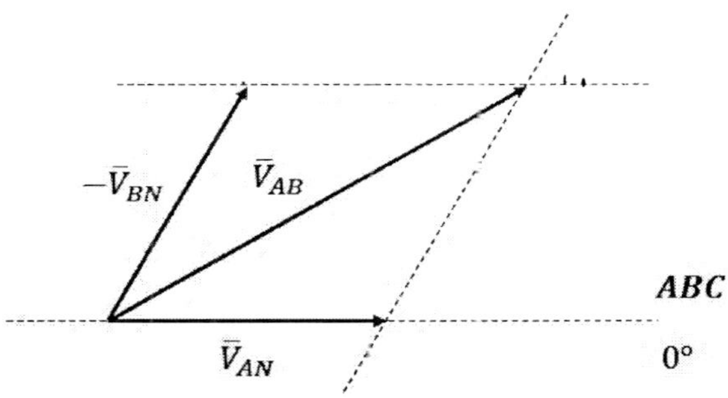

Figura 5 - Representação fasorial das tensões das fases A e B de um sistema trifásico simétrico e equilibrado.

Supondo que as magnitudes dos Fasores $\overline{\boldsymbol{V}}_{AN}$ e $\overline{\boldsymbol{V}}_{BN}$ sejam iguais a uma tensão qualquer definida por $\boldsymbol{V}_f$, Figura 6.

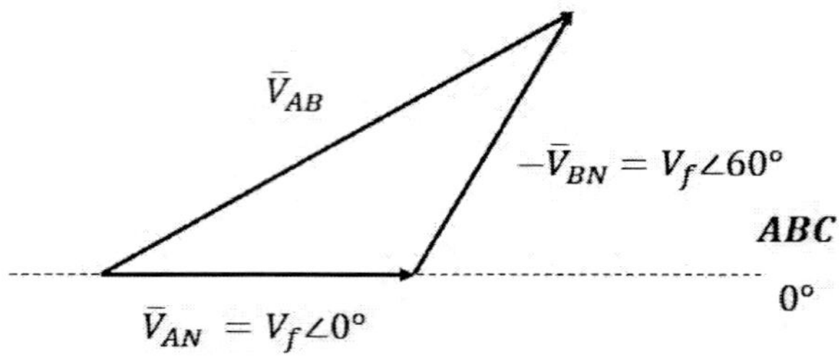

Figura 6 - Representação fasorial de um sistema trifásico simétrico e equilibrado com os módulos das tensões das fases A e B sendo consideradas iguais a $\boldsymbol{V}_f$.

Aplicando a Lei dos cossenos na Figura 6 temos,

$$(\boldsymbol{V}_{AB})^2 = (\boldsymbol{V}_{AN})^2 + (\boldsymbol{V}_{BN})^2 - 2\boldsymbol{V}_{AN}\boldsymbol{V}_{BN}\boldsymbol{cos\theta} \qquad (1.30)$$

Substituindo $\boldsymbol{V}_f$ em $\boldsymbol{V}_{AN}$ e $\boldsymbol{V}_{BN}$ em (1.30) e desenvolvendo a equação sabendo que o ângulo entre os fasores das fases é $\mathbf{120}°$ resulta,

$$(\boldsymbol{V}_{AB})^2 = (\boldsymbol{V}_f)^2 + (\boldsymbol{V}_f)^2 - 2\boldsymbol{V}_f\boldsymbol{V}_f\boldsymbol{cos\theta}$$

$$(\boldsymbol{V}_{AB})^2 = (\boldsymbol{V}_f)^2 + (\boldsymbol{V}_f)^2 - 2(\boldsymbol{V}_f)^2\boldsymbol{cos}\mathbf{120}°$$

$$(\boldsymbol{V}_{AB})^2 = (\boldsymbol{V}_f)^2 + (\boldsymbol{V}_f)^2 - 2(\boldsymbol{V}_f)^2\left(-\frac{1}{2}\right)$$

$$(\boldsymbol{V}_{AB})^2 = (\boldsymbol{V}_f)^2 + (\boldsymbol{V}_f)^2 + (\boldsymbol{V}_f)^2$$

$$(\boldsymbol{V}_{AB})^2 = 3(\boldsymbol{V}_f)^2$$

$$\boldsymbol{V}_{AB} = \sqrt{3(\boldsymbol{V}_f)^2}$$

$$\boldsymbol{V_{AB}} = \sqrt{3}\boldsymbol{V_f} \quad (1.31)$$

1.1. O operador $\dot{a}$

O operador $\dot{\boldsymbol{a}}$, é um número complexo com módulo unitário e fase de $\mathbf{120°}$. Uma característica interessante deste operador é que, quando aplicado em uma operação fasorial, o operador $\dot{\boldsymbol{a}}$ tem a propriedade de girar qualquer fasor em $\mathbf{120°}$. Na forma polar, o operador é escrito como:

$$\dot{\boldsymbol{a}} = \mathbf{1\angle 120°} \quad (1.32)$$

Na forma retangular por,

$$\dot{\boldsymbol{a}} = \mathbf{1}\cos(\mathbf{120°}) + \boldsymbol{j}\mathbf{1}\boldsymbol{sen}(\mathbf{120°})$$

$$\dot{\boldsymbol{a}} = -\frac{\mathbf{1}}{\mathbf{2}} + \boldsymbol{j}\frac{\sqrt{\mathbf{3}}}{\mathbf{2}} \quad (1.33)$$

Neste livro utilizaremos o operador $\dot{\boldsymbol{a}}$ muito mais na forma polar devido a sua praticidade nos cálculos.

Se o operador $\dot{\boldsymbol{a}}$ for aplicado nele mesmo, resulta:

$$\dot{\boldsymbol{a}}\dot{\boldsymbol{a}} = (\mathbf{1\angle 120°})(\mathbf{1\angle 120°}) = \mathbf{1\angle 240°}$$

$$\text{ou} \quad \dot{\boldsymbol{a}}^2 = \mathbf{1\angle -120°} \quad (1.34)$$

Na forma retangular,

$$\dot{\boldsymbol{a}}^2 = \mathbf{1}\cos(\mathbf{-120°}) + \boldsymbol{j}\mathbf{1}\boldsymbol{sen}(\mathbf{-120°})$$

$$\dot{\boldsymbol{a}}^2 = -\frac{\mathbf{1}}{\mathbf{2}} - \boldsymbol{j}\frac{\sqrt{\mathbf{3}}}{\mathbf{2}} \quad (1.35)$$

Vejamos um exemplo.

Seja o fasor $\overline{\boldsymbol{A}} = \mathbf{10\angle 30°}$. Então,

$$(\dot{\boldsymbol{a}}.\overline{\boldsymbol{A}}) = (\mathbf{1\angle 120°})(\mathbf{10\angle 30°}) = \mathbf{10\angle 150°}$$

Na Figura 7 e Figura 8 é mostrado o Diagrama Fasorial do fasor $\overline{\boldsymbol{A}}$ com fases de $\mathbf{30}°$ e $\mathbf{150}°$ respectivamente.

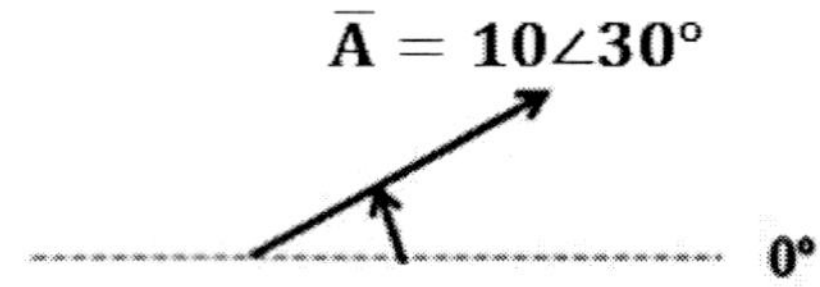

Figura 7 - Diagrama Fasorial de $\overline{A}$ antes da operação com o operador $\dot{a}$.

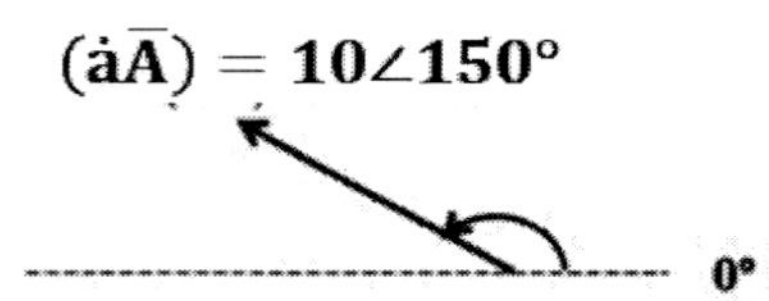

Figura 8 - Diagrama Fasorial de $\overline{A}$ após a operação com o operador $\dot{a}$.

Algumas operações com o operador $\dot{a}$ utilizando a forma polar:

$$\dot{a}^2 = \dot{a}\dot{a} = (1\angle 120°)(1\angle 120°) = 1\angle 240° = 1\angle -120°$$

$$\dot{a}^3 = \dot{a}\dot{a}^2 = (1\angle 120°)(1\angle -120°) = 1\angle 0° = 1$$

$$\dot{a}^4 = \dot{a}^2\dot{a}^2 = (1\angle -120°)(1\angle -120°) = 1\angle -240° = 1\angle 120°$$

$$\dot{a}^5 = \dot{a}^3\dot{a}^2 = (1\angle 0°)(1\angle -120°) = 1\angle -120°$$

Observem que a sequência a seguir é sempre $\mathbf{1} \rightarrow \dot{a} \rightarrow \dot{a}^2 \rightarrow \mathbf{1} \rightarrow \dot{a} \rightarrow \dot{a}^2$ ... a partir de $\dot{a}^3$, ou seja,

$$\dot{a}^3 = 1 \rightarrow \dot{a}^4 = \dot{a} \rightarrow \dot{a}^5 = \dot{a}^2 \rightarrow \dot{a}^6 = 1 \rightarrow \dot{a}^7 = \dot{a} \rightarrow \dot{a}^8 = \dot{a}^2 \ldots$$

1.1.1. Combinações com o operador $\dot{a}$

A seguir estão as demonstrações de três combinações que podem ser realizadas com o operador $\dot{\boldsymbol{a}}$

Combinação 1:

$$\mathbf{1} + \dot{\boldsymbol{a}} + \dot{\boldsymbol{a}}^2 = \mathbf{0} \tag{1.36}$$

Demonstração:

De (1.33) e (1.35) temos,

$$\dot{\boldsymbol{a}} = \mathbf{1}\angle\mathbf{120}^\circ = -\frac{\mathbf{1}}{\mathbf{2}} + \boldsymbol{j}\frac{\sqrt{\mathbf{3}}}{\mathbf{2}}$$

$$\dot{\boldsymbol{a}}^2 = \mathbf{1}\angle - \mathbf{120}^\circ = -\frac{\mathbf{1}}{\mathbf{2}} - \boldsymbol{j}\frac{\sqrt{\mathbf{3}}}{\mathbf{2}}$$

Substituindo em (1.36) temos,

$$\mathbf{1} + \left(-\frac{\mathbf{1}}{\mathbf{2}} + \boldsymbol{j}\frac{\sqrt{\mathbf{3}}}{\mathbf{2}}\right) + \left(-\frac{\mathbf{1}}{\mathbf{2}} - \boldsymbol{j}\frac{\sqrt{\mathbf{3}}}{\mathbf{2}}\right) = \mathbf{0}$$

$$\mathbf{1} - \frac{\mathbf{1}}{\mathbf{2}} + \boldsymbol{j}\frac{\sqrt{\mathbf{3}}}{\mathbf{2}} - \frac{\mathbf{1}}{\mathbf{2}} - \boldsymbol{j}\frac{\sqrt{\mathbf{3}}}{\mathbf{2}} = \mathbf{0}$$

$$\mathbf{1} - \mathbf{1} = \mathbf{0}$$

$$\mathbf{0} = \mathbf{0}$$

Combinação 2:

$$\mathbf{1} - \dot{\boldsymbol{a}}^2 = \sqrt{\mathbf{3}}\angle\mathbf{30}^\circ \tag{1.37}$$

Demonstração:

Idem ao que foi feito na demonstração da combinação 1 temos,

$$\mathbf{1} - \dot{\boldsymbol{a}}^2 = \mathbf{1} - \left(-\frac{\mathbf{1}}{\mathbf{2}} - \boldsymbol{j}\frac{\sqrt{\mathbf{3}}}{\mathbf{2}}\right) = \mathbf{1} + \frac{\mathbf{1}}{\mathbf{2}} + \boldsymbol{j}\frac{\sqrt{\mathbf{3}}}{\mathbf{2}} = \frac{\mathbf{3}}{\mathbf{2}} + \boldsymbol{j}\frac{\sqrt{\mathbf{3}}}{\mathbf{2}}$$

Transformando para a forma polar,

$$\left|\frac{3}{2}+j\frac{\sqrt{3}}{2}\right| = \sqrt{\left(\frac{3}{2}\right)^2+\left(\frac{\sqrt{3}}{2}\right)^2} = \sqrt{\frac{9}{4}+\frac{3}{4}} = \sqrt{\frac{12}{4}} = \sqrt{3}$$

$$\theta = arctg\left(\frac{\frac{\sqrt{3}}{2}}{\frac{3}{2}}\right) = arctg\left(\frac{\sqrt{3}}{2}\right) = 30°$$

Logo,

$$1-\dot{a}^2 = \sqrt{3}\angle 30°$$

Combinação 3:

$$\dot{a}^2-\dot{a} = \sqrt{3}\angle -90° \quad (1.38)$$

Idem ao que foi feito na demonstração da combinação 1 temos,

$$\dot{a}^2-\dot{a} = \left(-\frac{1}{2}-j\frac{\sqrt{3}}{2}\right)-\left(-\frac{1}{2}+j\frac{\sqrt{3}}{2}\right)$$

$$\dot{a}^2-\dot{a} = -\frac{1}{2}-j\frac{\sqrt{3}}{2}+\frac{1}{2}-j\frac{\sqrt{3}}{2} = -j\sqrt{3}$$

$$\dot{a}^2-\dot{a} = -j\sqrt{3}$$

Convertendo $-j\sqrt{3}$ para a forma polar, temos:

$$\dot{a}^2-\dot{a} = \sqrt{3}\angle -90°$$

Na Figura 9 estão as demais combinações com o operador $\dot{a}$.

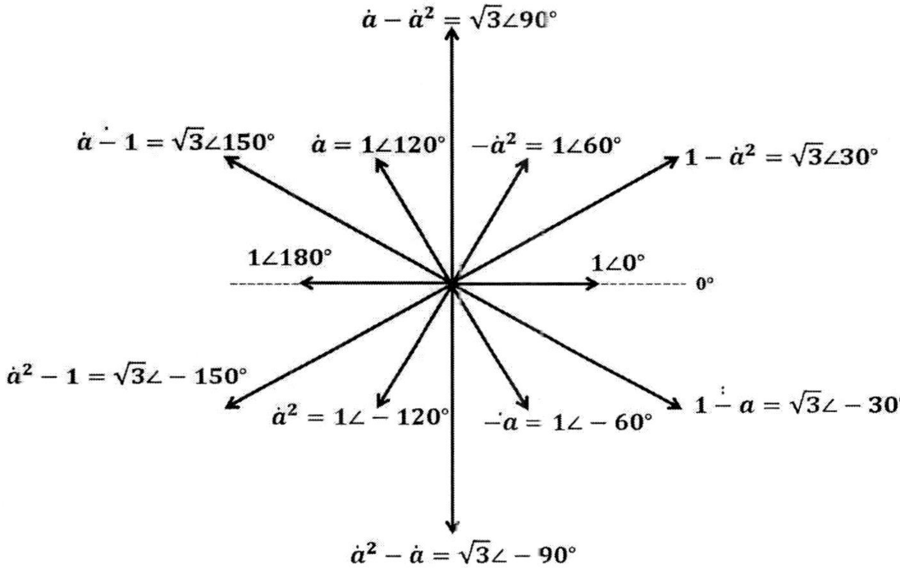

Figura 9 - Combinações com o operador $\dot{a}$. Adaptado da obra de Geraldo Kindermann - Curto-Circuito – Florianópolis: 5. Ed. do autor, 2010.

As outras demonstrações das demais combinações ficam a cargo dos leitores como exercício.

1.1.2. Tensões de fase em uma carga trifásica na conexão estrela a quatro fios utilizando o fasor operador $\dot{a}$

Na Figura 10 temos a representação de uma carga trifásica balanceada na conexão estrela a quatro fios com centro estrela aterrado. Suponha que a carga esteja sendo alimentada por uma fonte simétrica e na sequência direta ABC. Desconsidere as impedâncias da linha de transmissão e da impedância de neutro.

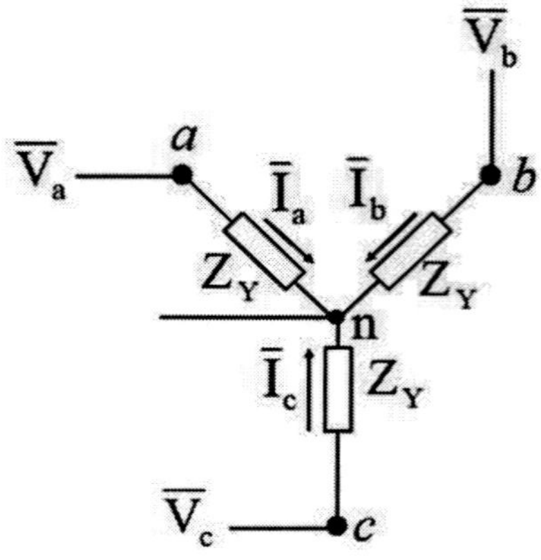

Figura 10 - Carga trifásica balanceada na conexão estrela a quatro fios.

Considere os fasores das tensões de fase definidos como:

$$\overline{V}_{an} = V_a\angle\theta_a$$

$$\overline{V}_{bn} = V_b\angle\theta_b = V_b\angle(\theta_a - 120°)$$

$$\overline{V}_{cn} = V_c\angle\theta_c = V_c\angle(\theta_a + 120°)$$

Podemos escrever,

$$\overline{V}_{an} = V_a\angle\theta_a$$

$$\overline{V}_{bn} = (1\angle - 120°)V_b\angle\theta_a$$

$$\overline{V}_{cn} = (1\angle 120°)V_c\angle\theta_a$$

Onde V_a, V_b e V_c são os valores eficazes das tensões de fases.

Como a carga é balanceada e está sendo alimentada por uma fonte simétrica e na sequência direta ABC, temos que $V_a = V_b = V_c$. Logo,

$$\overline{V}_{an} = V_a\angle\theta_a$$

$$\overline{V}_{bn} = (1\angle - 120°)V_a\angle\theta_a = \dot{a}^2\overline{V}_{an}$$

$$\overline{V}_{cn} = (1\angle 120°)V_a\angle\theta_a = \dot{a}\overline{V}_{an} \qquad (1.39)$$

Na Figura 11, temos o Diagrama Fasorial dos fasores das tensões em função da fase "**a**" considerando $\boldsymbol{\theta_a} = \mathbf{0}°$ como referência.

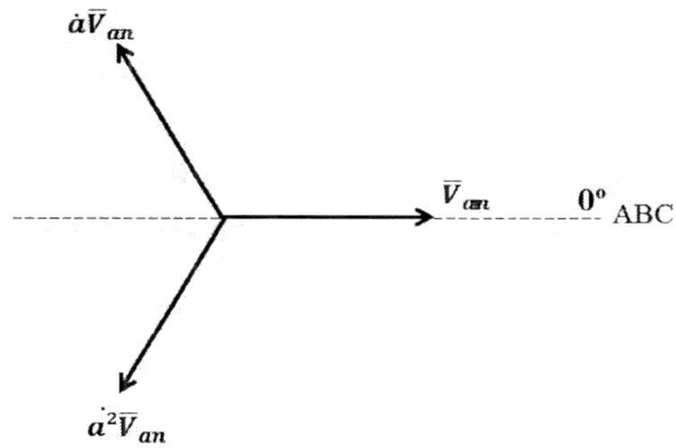

Figura 11 - Diagrama Fasorial dos fasores das tensões em função da fase "a".

1.1.3. Tensões de linha em uma carga trifásica na conexão estrela a quatro fios

As tensões de linha $\overline{V}_{ab}$, $\overline{V}_{bc}$ e $\overline{V}_{ca}$ são definidas respectivamente por:

$$\begin{cases} \overline{V}_{ab} = \overline{V}_a - \overline{V}_b \\ \overline{V}_{bc} = \overline{V}_b - \overline{V}_c \\ \overline{V}_{ca} = \overline{V}_c - \overline{V}_a \end{cases} \qquad (1.40)$$

As tensões de fase $\overline{V}_a$, $\overline{V}_b$ e $\overline{V}_c$ podem ser escritas como:

$$\begin{cases} \overline{V}_a = \dot{a}^2\overline{V}_c \\ \overline{V}_b = \dot{a}^2\overline{V}_a \\ \overline{V}_c = \dot{a}^2\overline{V}_b \end{cases} \qquad (1.41)$$

Substituindo (1.41) em (1.40) obtemos,

$$\begin{cases}\overline{\boldsymbol{V}}_{ab} = \overline{\boldsymbol{V}}_{a} - \dot{\boldsymbol{a}}^2\,\overline{\boldsymbol{V}}_{a}\\ \overline{\boldsymbol{V}}_{bc} = \overline{\boldsymbol{V}}_{b} - \dot{\boldsymbol{a}}^2\,\overline{\boldsymbol{V}}_{b}\\ \overline{\boldsymbol{V}}_{ca} = \overline{\boldsymbol{V}}_{c} - \dot{\boldsymbol{a}}^2\,\overline{\boldsymbol{V}}_{c}\end{cases}$$

Colocando as tensões de fase em evidência resulta,

$$\begin{cases}\overline{\boldsymbol{V}}_{ab} = (\mathbf{1} - \dot{\boldsymbol{a}}^2)\overline{\boldsymbol{V}}_{a}\\ \overline{\boldsymbol{V}}_{bc} = (\mathbf{1} - \dot{\boldsymbol{a}}^2)\overline{\boldsymbol{V}}_{b}\\ \overline{\boldsymbol{V}}_{ca} = (\mathbf{1} - \dot{\boldsymbol{a}}^2)\overline{\boldsymbol{V}}_{c}\end{cases} \tag{1.42}$$

No diagrama do operador $\dot{\boldsymbol{a}}$, Figura 9, temos que:

$$\left(\mathbf{1} - \dot{\boldsymbol{a}}^2\right) = \sqrt{\mathbf{3}}\angle\mathbf{30}^\circ \tag{1.43}$$

Substituindo em (1.43) em (1.42), temos,

$$\begin{cases}\overline{\boldsymbol{V}}_{ab} = \sqrt{\mathbf{3}}\,\overline{\boldsymbol{V}}_{a}\angle\mathbf{30}^\circ\\ \overline{\boldsymbol{V}}_{bc} = \sqrt{\mathbf{3}}\,\overline{\boldsymbol{V}}_{b}\angle\mathbf{30}^\circ\\ \overline{\boldsymbol{V}}_{ca} = \sqrt{\mathbf{3}}\,\overline{\boldsymbol{V}}_{c}\angle\mathbf{30}^\circ\end{cases} \tag{1.44}$$

Na Figura 12 temos no plano fasorial a representação das tensões de fase e de linha da carga balanceada da Figura 10.

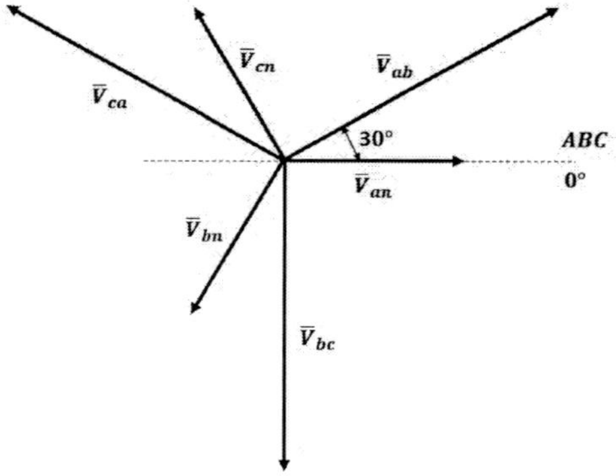

Figura 12 - Diagrama Fasorial dos fasores das tensões de fase e de linha em uma carga balanceada na conexão estrela.

Conclusão: As tensões de linha em um circuito trifásico com carga balanceada na conexão estrela aterrada e sendo alimentado por uma fonte simétrica e na sequência direta ABC, são $\sqrt{\mathbf{3}}$ maiores que as tensões de fase e estão adiantadas de $\mathbf{30}°$.

1.1.4. Correntes de linha e de fase em uma carga trifásica na conexão estrela a quatro fios

Do circuito da Figura 10, temos que,

$$\begin{cases} \overline{\boldsymbol{I}}_{an} = \overline{\boldsymbol{I}}_a \\ \overline{\boldsymbol{I}}_{bn} = \overline{\boldsymbol{I}}_b \\ \overline{\boldsymbol{I}}_{cn} = \overline{\boldsymbol{I}}_c \end{cases} \tag{1.45}$$

As correntes de linha e de fase são iguais no circuito trifásico na conexão estrela. Definindo os fasores das correntes de fases como:

$$\overline{\boldsymbol{I}}_a = \boldsymbol{I}_a \angle \boldsymbol{\delta}_a$$

$$\overline{\boldsymbol{I}}_b = \boldsymbol{I}_b \angle \boldsymbol{\delta}_b = \boldsymbol{I}_b \angle (\boldsymbol{\delta}_a - \mathbf{120}°) = (\mathbf{1}\angle - \mathbf{120}°)\boldsymbol{I}_b \angle \boldsymbol{\delta}_a$$

$$\overline{\boldsymbol{I}}_c = \boldsymbol{I}_c \angle \boldsymbol{\delta}_c = \boldsymbol{I}_c \angle (\boldsymbol{\delta}_a + \mathbf{120}°) = (\mathbf{1}\angle \mathbf{120}°)\boldsymbol{I}_c \angle \boldsymbol{\delta}_a$$

Como as cargas são balanceadas, os módulos das correntes são iguais, ou seja, $\boldsymbol{I}_a = \boldsymbol{I}_b = \boldsymbol{I}_c$ e podemos escrever,

$$\overline{\boldsymbol{I}}_a = \boldsymbol{I}_a \angle \boldsymbol{\delta}_a$$

$$\overline{\boldsymbol{I}}_b = (\mathbf{1}\angle - \mathbf{120}°)\boldsymbol{I}_a \angle \boldsymbol{\delta}_a = \dot{\boldsymbol{a}}^2 \overline{\boldsymbol{I}}_a$$

$$\overline{\boldsymbol{I}}_c = (\mathbf{1}\angle \mathbf{120}°)\boldsymbol{I}_a \angle \boldsymbol{\delta}_c = \dot{\boldsymbol{a}} \overline{\boldsymbol{I}}_a \tag{1.46}$$

A corrente do neutro é a soma das três correntes de linha, ou seja,

$$\overline{\boldsymbol{I}}_n = \overline{\boldsymbol{I}}_a + \overline{\boldsymbol{I}}_b + \overline{\boldsymbol{I}}_c$$

Como a carga é equilibrada pode-se colocar as correntes $\boldsymbol{I_b}$ e $\boldsymbol{I_c}$ em função da corrente da fase "$\boldsymbol{a}$", ou seja, $\boldsymbol{I_a}$,

$$\boldsymbol{\bar{I}_n = \bar{I}_a + \dot{a}^2\bar{I}_a + \dot{a}\bar{I}_a}$$

Colocando $\boldsymbol{I_a}$ em evidência,

$$\boldsymbol{\bar{I}_n = (1 + \dot{a}^2 + \dot{a})\bar{I}_a} \tag{1.47}$$

Da equação (1.36), temos que:

$$\boldsymbol{1 + \dot{a}^2 + \dot{a} = 0}$$

O que implica em,

$$\boldsymbol{\bar{I}_n = 0}$$

1.1.5. Tensões de linha e de fase em uma carga trifásica na conexão delta

Na Figura 13 temos a representação de uma carga trifásica balanceada na conexão delta sendo alimentada por uma fonte simétrica e na sequência direta ABC, sendo desconsideradas as impedâncias da linha de transmissão.

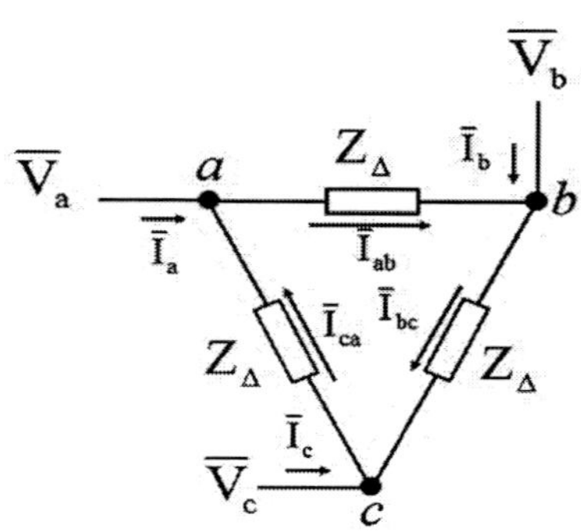

Figura 13 - Diagrama elétrico de uma carga balanceada na conexão Delta.

Do circuito da Figura 13, temos que as correntes de fases são:

$$\bar{I}_{ab} = \frac{\bar{V}_{ab}}{Z_\Delta} \qquad (1.48)$$

$$\bar{I}_{bc} = \frac{\bar{V}_{bc}}{Z_\Delta} \qquad (1.49)$$

$$\bar{I}_{ca} = \frac{\bar{V}_{ca}}{Z_\Delta} \qquad (1.50)$$

Considerando que as tensões de linha na conexão delta são simétricas e na sequência direta ABC, podemos escrever as tensões V_{bc} e V_{ca} em função V_{ab},

$$\bar{V}_{bc} = \dot{a}^2\bar{V}_{ab} \qquad (1.51)$$

$$\bar{V}_{ca} = \dot{a}\bar{V}_{ab} \qquad (1.52)$$

Substituindo (1.51) e (1.52) em (1.49) e (1.50) respectivamente, resulta:

$$\bar{I}_{bc} = \frac{\bar{V}_{bc}}{Z_\Delta} = \frac{\dot{a}^2 V_{ab}}{Z_\Delta} = \dot{a}^2\bar{I}_{ab} \qquad (1.53)$$

$$\bar{I}_{ca} = \frac{\bar{V}_{ca}}{Z_\Delta} = \frac{\dot{a} V_{ab}}{Z_\Delta} = \dot{a}\bar{I}_{ab} \qquad (1.54)$$

Aplicando a lei dos nós de Kirchhoff em cada nó (**a, b, c**) da Figura 13 temos:

$$\begin{cases} \bar{I}_a + \bar{I}_{ca} - \bar{I}_{ab} = 0 \\ \bar{I}_b + \bar{I}_{ab} - \bar{I}_{bc} = 0 \\ \bar{I}_c + \bar{I}_{bc} - \bar{I}_{ca} = 0 \end{cases}$$

$$\begin{cases} \bar{I}_a = \bar{I}_{ab} - \bar{I}_{ca} \\ \bar{I}_b = \bar{I}_{bc} - \bar{I}_{ab} \\ \bar{I}_c = \bar{I}_{ca} - \bar{I}_{bc} \end{cases} \qquad (1.55)$$

Considere o diagrama fasorial das correntes de fase do delta na sequência **ABC** e com a fase de $\bar{I}_{ab} = I_{ab}\angle\delta_{ab}$ igual a $\delta_{ab} = 0°$, Figura 14.

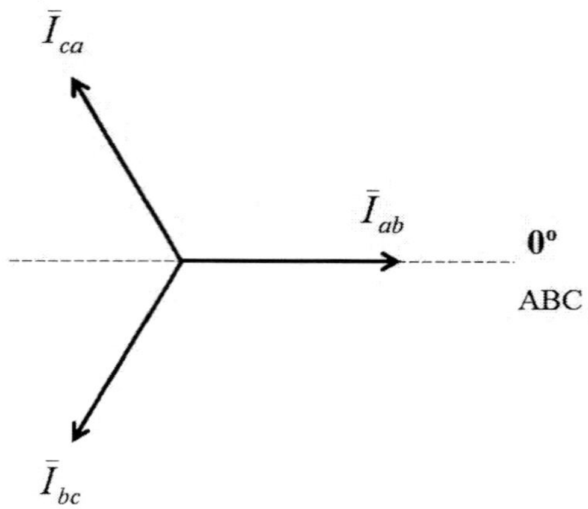

Figura 14 - Diagrama fasorial das correntes de fase do Delta.

Observando o fasor $\overline{\boldsymbol{I}}_{\boldsymbol{ab}}$ na Figura 14 pode-se afirmar que na sequência **ABC** ele está adiantado $\mathbf{120}°$ em relação ao fasor $\overline{\boldsymbol{I}}_{\boldsymbol{bc}}$, ou seja,

$$\overline{\boldsymbol{I}}_{\boldsymbol{ab}} = \mathbf{1}\angle\mathbf{120}°\overline{\boldsymbol{I}}_{\boldsymbol{bc}} = \dot{\boldsymbol{a}}\overline{\boldsymbol{I}}_{\boldsymbol{bc}} \tag{1.56}$$

Idem, para o fasor $\overline{\boldsymbol{I}}_{\boldsymbol{bc}}$ em relação ao fasor $\overline{\boldsymbol{I}}_{\boldsymbol{ca}}$, ou seja,

$$\overline{\boldsymbol{I}}_{\boldsymbol{bc}} = \mathbf{1}\angle\mathbf{120}°\overline{\boldsymbol{I}}_{\boldsymbol{ca}} = \dot{\boldsymbol{a}}\overline{\boldsymbol{I}}_{\boldsymbol{ca}} \tag{1.57}$$

Idem, para o fasor $\overline{\boldsymbol{I}}_{\boldsymbol{ca}}$ em relação ao fasor $\overline{\boldsymbol{I}}_{\boldsymbol{ab}}$, ou seja,

$$\overline{\boldsymbol{I}}_{\boldsymbol{ca}} = \mathbf{1}\angle\mathbf{120}°\overline{\boldsymbol{I}}_{\boldsymbol{ab}} = \dot{\boldsymbol{a}}\overline{\boldsymbol{I}}_{\boldsymbol{ab}} \tag{1.58}$$

Substituindo as equações (1.58) em $\overline{\boldsymbol{I}}_{\boldsymbol{a}}$, (1.57) em $\overline{\boldsymbol{I}}_{\boldsymbol{c}}$ e (1.56) em $\overline{\boldsymbol{I}}_{\boldsymbol{b}}$ respectivamente no sistema de equações (1.55),

$$\begin{cases} \overline{\boldsymbol{I}}_{\boldsymbol{a}} = \overline{\boldsymbol{I}}_{\boldsymbol{ab}} - \overline{\boldsymbol{I}}_{\boldsymbol{ca}} \\ \overline{\boldsymbol{I}}_{\boldsymbol{b}} = \overline{\boldsymbol{I}}_{\boldsymbol{bc}} - \overline{\boldsymbol{I}}_{\boldsymbol{ab}} \\ \overline{\boldsymbol{I}}_{\boldsymbol{c}} = \overline{\boldsymbol{I}}_{\boldsymbol{ca}} - \overline{\boldsymbol{I}}_{\boldsymbol{bc}} \end{cases}$$

Resulta,

$$\begin{cases} \bar{I}_a = \bar{I}_{ab} - \dot{a}\bar{I}_{ab} \\ \bar{I}_b = \bar{I}_{bc} - \dot{a}\bar{I}_{bc} \\ \bar{I}_c = \bar{I}_{ca} - \dot{a}\bar{I}_{ca} \end{cases}$$

Evidenciando os termos em comum de cada equação,

$$\begin{cases} \bar{I}_a = (1 - \dot{a})\bar{I}_{ab} \\ \bar{I}_b = (1 - \dot{a})\bar{I}_{bc} \\ \bar{I}_c = (1 - \dot{a})\bar{I}_{ca} \end{cases} \quad (1.59)$$

Do diagrama do operador $\dot{a}$, Figura 9, temos que:

$$(1 - \dot{a}) = \sqrt{3}\angle - 30^\circ \quad (1.60)$$

Substituindo (1.60) em (1.59) obtemos,

$$\begin{cases} \bar{I}_a = \sqrt{3}\ \bar{I}_{ab}\angle - 30^\circ \\ \bar{I}_b = \sqrt{3}\ \bar{I}_{bc}\angle - 30^\circ \\ \bar{I}_c = \sqrt{3}\ \bar{I}_{ca}\angle - 30^\circ \end{cases} \quad (1.61)$$

Na Figura 15 temos no plano fasorial a representação das correntes de fase e linha em uma carga balanceada na conexão delta.

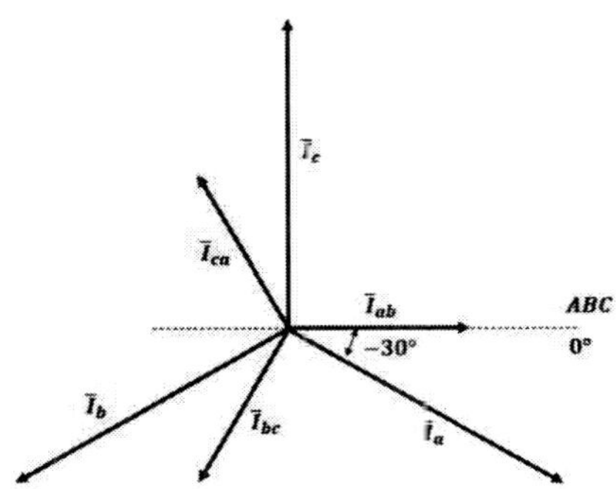

Figura 15 - Diagrama fasorial das correntes de fase e de linha em uma carga balanceada na conexão Delta.

Conclusão: As correntes de linha em um circuito trifásico com uma carga balanceada na conexão delta e sendo alimentado por uma fonte simétrica e na sequência direta ABC são $\sqrt{\mathbf{3}}$ maiores que as correntes de fase e estão atrasadas de $\mathbf{30}°$.

1.1.6. Exemplo 1.1

Seja uma carga capacitiva na conexão delta, Figura 16, sendo alimentada por uma fonte simétrica e na sequência direta ABC, onde: $\mathbf{Z = 20 - j15}\ \Omega$ e $\overline{\boldsymbol{V}}_{\boldsymbol{ca}} = \mathbf{6,6\angle 80°}$ **kV**.

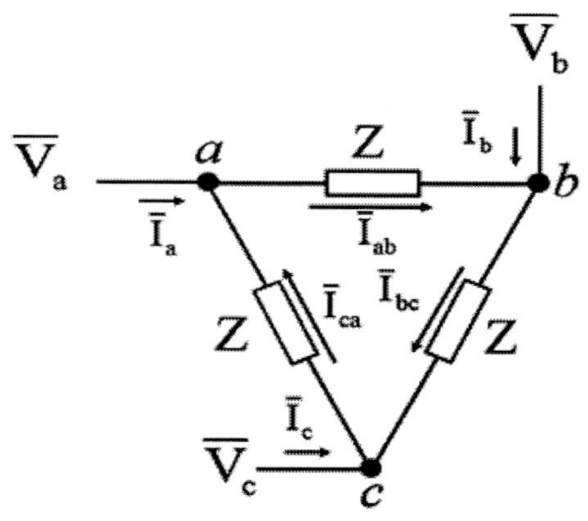

Figura 16 - Carga capacitiva balanceada na conexão delta\a.

Pede-se:

a) Os fasores das tensões $\overline{\boldsymbol{V}}_{\boldsymbol{ab}}$ e $\overline{\boldsymbol{V}}_{\boldsymbol{bc}}$ e o diagrama fasorial das tensões;

b) Os fasores das correntes de fase e de linha na carga e o diagrama fasorial das correntes.

Solução:

a) Os fasores das tensões $\overline{V}_{ab}$ e $\overline{V}_{bc}$ e o diagrama fasorial das tensões.

Definindo,

$$\overline{V}_{ab} = |V_{ab}|\angle\theta_{ab}$$

$$\overline{V}_{bc} = |V_{bc}|\angle\theta_{bc}$$

$$\overline{V}_{ca} = |V_{ca}|\angle\theta_{ca}$$

No problema é dado:

$$\overline{V}_{ca} = 6,6\angle 80^\circ \text{ kV}$$

Logo,

$$|V_{ca}| = 6,6 \text{ kV}$$

$$\theta_{ca} = 80^\circ$$

Como a carga é balanceada e é alimentada por uma fonte simétrica e na sequência direta ABC, então:

$$|V_{ab}| = |V_{bc}| = |V_{ca}| = 6,6 \text{ kV}$$

Como a fonte está na sequência direta **ABC** o fasor $\overline{V}_{ab}$ está adiantado em relação ao fasor $\overline{V}_{ca}$ de 240° e de 120° em relação ao fasor $\overline{V}_{bc}$.

Cálculo de θ_{ab}:

$$\theta_{ab} = \theta_{ca} + 240^\circ = 80^\circ + 240^\circ = 320^\circ$$

$$\theta_{ab} = 320^\circ - 360^\circ = -40^\circ$$

Ou

b) $\mathbf{\theta_{ab} = \theta_{ca} - 120° = 80° - 120° = -40°}$

Cálculo de $\boldsymbol{\theta_{bc}}$:

Como o fasor $\boldsymbol{\overline{V}_{ab}}$está adiantado de $\mathbf{120°}$em relação ao fasor $\boldsymbol{\overline{V}_{bc}}$ a recíproca é verdadeira, ou seja, o fasor $\boldsymbol{\overline{V}_{bc}}$ está atrasado de $\mathbf{-120°}$ em relação ao fasor $\boldsymbol{\overline{V}_{ab}}$.

Logo,

$$\mathbf{\theta_{bc} = \theta_{ab} - 120° = -40° - 120° = -160°}$$

Então,

c) $\mathbf{\overline{V}_{ab} = 6,6\angle -40°\ kV}$

d) $\mathbf{\overline{V}_{bc} = 6,6\angle -160°\ kV}$

e) $\mathbf{\overline{V}_{ca} = 6,6\angle 80°\ kV}$

Diagrama fasorial das tensões,

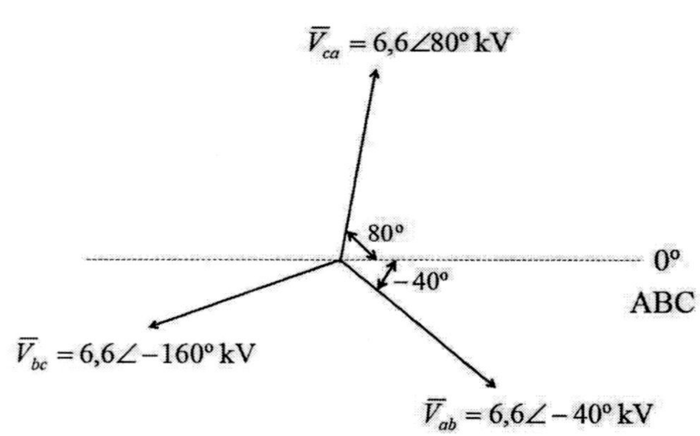

Figura 17 - Diagrama Fasorial das tensões de linha.

Os fasores das correntes de fase e de linha na carga e o diagrama fasorial das correntes.

Convertendo $\boldsymbol{Z}$ para a forma polar,

f) $\mathbf{Z = 20 - j15}\ \Omega = \mathbf{25\angle - 36,9°}\ \Omega$

Onde o módulo de $\boldsymbol{Z}$:

$$|\mathbf{Z}| = \sqrt{(\mathbf{20})^2 + (-\mathbf{15})^2} = \mathbf{25}$$

E o ângulo de fase:

$$\boldsymbol{\theta}_{\mathrm{Z}} = \mathbf{arctg}\left(\frac{-\mathbf{15}}{\mathbf{20}}\right) = -\mathbf{36,9°}$$

Cálculo das correntes de fases. De (1.48), (1.49) e (1.50),

$$\bar{\mathbf{I}}_{\mathbf{ab}} = \frac{\bar{\mathbf{V}}_{\mathbf{ab}}}{\mathbf{Z}} = \frac{\mathbf{6,6.10^3\angle - 40°}}{\mathbf{25\angle - 36,9°}} = \mathbf{264\angle - 3,1°}\ \mathrm{A}$$

$$\bar{\mathbf{I}}_{\mathbf{bc}} = \frac{\bar{\mathbf{V}}_{\mathbf{bc}}}{\mathbf{Z}} = \frac{\mathbf{6,6.10^3\angle - 160°}}{\mathbf{25\angle - 36,9°}} = \mathbf{264\angle - 123,1°}\ \mathrm{A}$$

$$\bar{\mathbf{I}}_{\mathbf{ca}} = \frac{\bar{\mathbf{V}}_{\mathbf{ca}}}{\mathbf{Z}} = \frac{\mathbf{6,6.10^3\angle 80°}}{\mathbf{25\angle - 36,9°}} = \mathbf{264\angle 116,9°}\ \mathrm{A}$$

Cálculo das correntes de linha. De (1.55) temos,

$$\bar{\mathbf{I}}_{\mathbf{a}} = \bar{\mathbf{I}}_{\mathbf{ab}} - \bar{\mathbf{I}}_{\mathbf{ca}} = (\mathbf{264\angle - 3,1°}) - (\mathbf{264\angle 116,9°})$$

$$\bar{\mathbf{I}}_{\mathbf{a}} = \mathbf{457,3\angle - 33,1°}\ \mathrm{A}$$

$$\bar{\mathbf{I}}_{\mathbf{b}} = \bar{\mathbf{I}}_{\mathbf{bc}} - \bar{\mathbf{I}}_{\mathbf{ab}} = (\mathbf{264\angle - 123,1°}) - (\mathbf{264\angle - 3,1°})$$

$$\mathbf{\bar{I}_b = 457,3\angle - 153,1° \ A}$$

$$\mathbf{\bar{I}_c = \bar{I}_{ca} - \bar{I}_{bc} = (264\angle 116,9°) - (264\angle - 123,1°)}$$

$$\mathbf{\bar{I}_c = 457,3\angle 86,9° \ A}$$

Ou utilizando as equações (1.61) temos,

$$\mathbf{\bar{I}_a = \sqrt{3}\bar{I}_{ab}\angle - 30° = \sqrt{3}(264\angle - 3,1°)\angle - 30°}$$

$$\mathbf{\bar{I}_a = 457,3\angle - 33,1° \ A}$$

$$\mathbf{\bar{I}_b = \sqrt{3}\bar{I}_{bc}\angle - 30° = \sqrt{3}(264\angle - 123,1°)\angle - 30°}$$

$$\mathbf{\bar{I}_b = 457,3\angle - 153,1° A}$$

$$\mathbf{\bar{I}_c = \sqrt{3}\bar{I}_{ca}\angle - 30° = \sqrt{3}(264\angle 116,9°)\angle - 30°}$$

$$\mathbf{\bar{I}_c = 457,3\angle 86,9° \ A}$$

Na Figura 18 temos o Diagrama fasorial das correntes de fase e de linha.

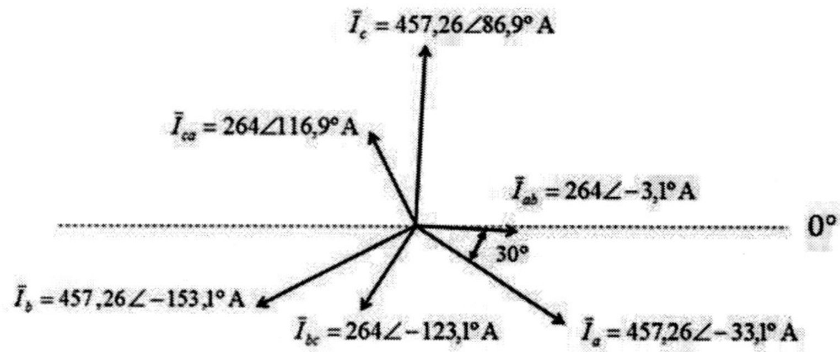

Figura 18 - Diagrama Fasorial das correntes de fase e de linha.

1.1.7. Potência Ativa em Cargas Trifásicas equilibradas

Seja uma carga na conexão estrela a quatro fios com impedâncias balanceadas denotadas por $\boldsymbol{Z_Y}$, e suponha que ela esteja sendo alimentada nos seus terminais **a**, **b** e **c** por uma fonte simétrica e na sequência direta ABC, Figura 19. Considere,

$$\boldsymbol{V_{fase}} = \boldsymbol{V}$$

$$\boldsymbol{I_{fase}} = \boldsymbol{I}$$

Na conexão estrela temos em módulo que

$$\boldsymbol{V_{linha}} = \sqrt{3}\boldsymbol{V_{fase}} = \sqrt{3}\boldsymbol{V} \tag{1.62}$$

$$\boldsymbol{I_{linha}} = \boldsymbol{I_{fase}} = \boldsymbol{I} \tag{1.63}$$

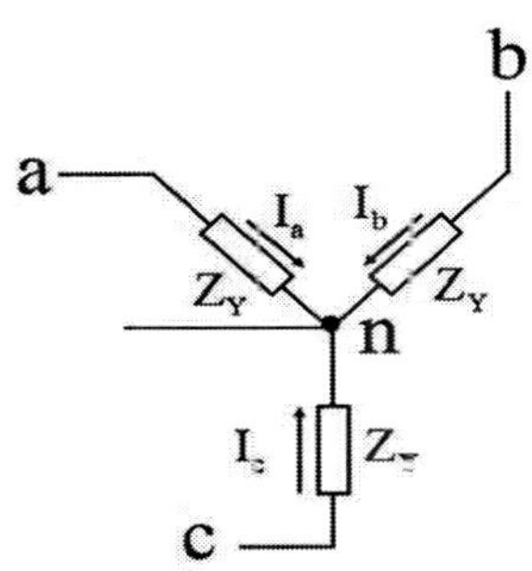

Figura 19 - Circuito com carga balanceada na conexão estrela.

Como a carga é balanceada, os módulos das tensões e das correntes nas fases e os ângulos do fator de potência são iguais entre si. Definindo então,

$$\boldsymbol{V_a} = \boldsymbol{V_b} = \boldsymbol{V_c} = \boldsymbol{V} \tag{1.64}$$

$$\boldsymbol{I_a} = \boldsymbol{I_b} = \boldsymbol{I_c} = \boldsymbol{I} \tag{1.65}$$

$$\boldsymbol{\theta_a = \theta_b = \theta_c = \theta} \tag{1.66}$$

A potência ativa nas fases $\boldsymbol{a}$, $\boldsymbol{b}$ e $\boldsymbol{c}$ são definidas por:

$$\boldsymbol{P_{fase\_a} = V_a I_a cos\theta_a = VIcos\theta} \tag{1.67}$$

$$\boldsymbol{P_{fase\_b} = V_b I_b cos\theta_b = VIcos\theta} \tag{1.68}$$

$$\boldsymbol{P_{fase\_c} = V_c I_c cos\theta_c = VIcos\theta} \tag{1.69}$$

A potência total ativa desenvolvida nas três fases é calculada por,

$$\boldsymbol{P_{TY} = P_{fase\_a} + P_{fase\_b} + P_{fase\_c}} \tag{1.70}$$

Logo, a potência ativa total absorvida pela carga,

$$\boldsymbol{P_{TY} = 3VIcos\theta} \tag{1.71}$$

Onde,

$\boldsymbol{P_{TY}}$: é a potência ativa total absorvida pela carga na conexão estrela.

Na prática é muito comum utilizar os valores da tensão e da corrente de linha. Então rearranjando a equação (1.71) e sabendo que $\boldsymbol{\sqrt{3}\sqrt{3} = 3}$,

$$\boldsymbol{P_{TY} = \sqrt{3}\sqrt{3}VIcos\theta}$$

$$\boldsymbol{P_{TY} = \sqrt{3}V_{linha}I_{linha}cos\theta} \tag{1.72}$$

Admita agora a carga na conexão delta com impedâncias denotadas por $\boldsymbol{Z_\Delta}$, Figura 20. Considere as impedâncias iguais, ou seja, $\boldsymbol{Z_\Delta = Z_Y}$. Na conexão delta temos em módulo que,

$$\boldsymbol{V_{linha} = V_{fase} = V}$$

$$\boldsymbol{I_{linha} = \sqrt{3}I_{fase} = \sqrt{3}I}$$

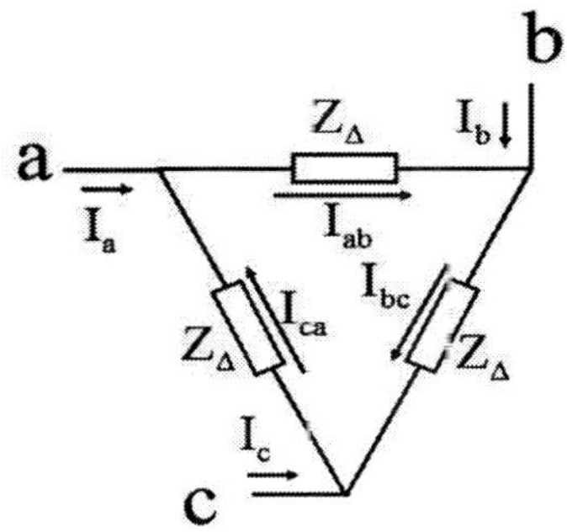

Figura 20 - Circuito com carga balanceada na conexão delta.

Na conexão delta as tensões de linha e de fase coincidem-se. Então temos em cada ramo da carga as seguintes tensões definidas por,

$$\boldsymbol{V_{ab} = V_{bc} = V_{ca} = V} \tag{1.73}$$

Já os módulos das correntes nestes ramos são definidos por,

$$\boldsymbol{I_{ab} = I_{bc} = I_{ca} = I} \tag{1.74}$$

E os ângulos do fator de potência por,

$$\boldsymbol{\theta_{ab} = \theta_{bc} = \theta_{ca} = \theta} \tag{1.75}$$

A potência ativa nos ramos $\boldsymbol{ab}$, $\boldsymbol{bc}$ e $\boldsymbol{ca}$ da carga na conexão delta são definidas por:

$$\boldsymbol{P_{ab\Delta} = P_{bc\Delta} = P_{ca\Delta} = VIcos\theta} \tag{1.76}$$

Logo, a potência ativa total absorvida pela carga na conexão delta,

$$\boldsymbol{P_{T\Delta} = 3P_{ab\Delta} = 3(VIcos\theta)} \tag{1.77}$$

Rearranjando a equação (1.77) obtemos,

$$P_{T\Delta} = 3VIcos\theta$$

$$P_{T\Delta} = \sqrt{3}V(\sqrt{3}I)cos\theta$$

Obtemos,

$$P_{T\Delta} = \sqrt{3}V_{linha}I_{linha}cos\theta \quad (1.78)$$

Comparando as equações (1.72) e (1.78) percebe-se que para determinar a potência ativa total, independentemente se a carga está na conexão estrela ou delta, as expressões são as mesmas.

As relações entre as tensões de linha e de fase para os dois tipos de conexões descritas anteriormente são dadas conforme (1.79).

$$V_{linha\_\Delta} = \sqrt{3}V_{fase\_Y} \quad (1.79)$$

Denotando as impedâncias por,

$$Z_{\Delta} = Z_{Y} = Z \quad (1.80)$$

A corrente de linha na conexão estrela pode ser calculada por,

$$I_{linha\_Y} = \frac{V_{fase\_Y}}{Z} \quad (1.81)$$

Na ligação delta, a corrente de fase pode ser calculada por,

$$I_{fase\_\Delta} = \frac{V_{linha\_\Delta}}{Z} \quad (1.82)$$

Substituindo no primeiro membro de (1.82) a definição da corrente de fase, e a equação (1.79) no segundo membro obtemos,

$$\frac{I_{linha\_\Delta}}{\sqrt{3}} = \frac{\sqrt{3}V_{faseY}}{Z} \quad (1.83)$$

$$I_{linha\_\Delta} = \frac{\sqrt{3}\sqrt{3}V_{faseY}}{Z} \quad (1.84)$$

$$I_{linha\_\Delta} = 3\frac{V_{faseY}}{Z} \tag{1.85}$$

Logo, comparando (1.85) com (1.81),

$$I_{linha\_\Delta} = 3I_{linha\_Y} \tag{1.86}$$

De (1.86) conclui-se que a corrente de linha da carga na conexão delta é três vezes maior que a corrente de linha da carga na conexão estrela.

Definindo,

$$V_{linha} = V_{ab\Delta}$$

$$I_{linha} = I_{a\Delta}$$

A potência ativa total absorvida por uma carga na conexão delta é definida por,

$$P_{T\Delta} = \sqrt{3}V_{linha\_\Delta}I_{linha\_\Delta}cos\theta \tag{1.87}$$

Substituindo (1.79) e (1.86) em (1.87) e rearranjando a equação temos,

$$P_{T\Delta} = \sqrt{3}\left(\sqrt{3}V_{fase\_Y}\right)\left(3I_{linha\_Y}\right)cos\theta$$

$$P_{T\Delta} = \sqrt{3}\sqrt{3}\left(3V_{fase\_Y}I_{linha\_Y}cos\theta\right)$$

$$P_{T\Delta} = 3\left(3V_{fase\_Y}I_{linha\_Y}cos\theta\right) \tag{1.88}$$

Observe que a expressão entre parênteses é exatamente a potência ativa total absorvida por uma carga na conexão estrela, ou seja,

$$P_{T\Delta} = 3(P_{TY}) \tag{1.89}$$

Conclusão: A potência ativa total associada a uma carga balanceada e na conexão delta é três vezes maior que a potência ativa total associada a mesma carga na conexão estrela.

1.1.8. Potência Reativa em Cargas Trifásicas equilibradas

Para a potência reativa e seguindo o mesmo raciocínio aplicado no subitem anterior aos circuitos com a carga na conexão estrela e delta chegamos às seguintes equações e as mesmas conclusões, ou seja, a potência reativa total associada a uma carga balanceada e ligada em delta é três vezes maior que a potência reativa total associada a mesma carga na conexão estrela.

$$\boldsymbol{Q_{TY} = \sqrt{3}V_{linha}I_{linha}sen\theta} \tag{1.90}$$

$$\boldsymbol{Q_{T\Delta} = \sqrt{3}V_{linha}I_{linha}sen\theta} \tag{1.91}$$

$$\boldsymbol{Q_{T\Delta} = 3(Q_{TY})} \tag{1.92}$$

1.1.9. Potência Aparente em Cargas Trifásicas equilibradas

Por definição, a potência aparente complexa total de uma carga trifásica nas conexões estrela e delta é dada respectivamente por:

$$\boldsymbol{\overline{S}_{TY} = P_{TY} + jQ_{TY}} \tag{1.93}$$

$$\boldsymbol{\overline{S}_{T\Delta} = P_{T\Delta} + jQ_{T\Delta}} \tag{1.94}$$

Substituindo as equações (1.89) e (1.92) em (1.94) e desenvolvendo a equação temos,

$$\boldsymbol{\overline{S}_{T\Delta} = (3P_{TY}) + j(3Q_{TY})}$$

$$\boldsymbol{\overline{S}_{T\Delta} = 3(P_{TY} + jQ_{TY})}$$

$$\boldsymbol{\overline{S}_{T\Delta} = 3(\overline{S}_{TY})} \tag{1.95}$$

Conclusão: A potência complexa total associada a uma carga balanceada e ligada em delta é três vezes maior que a potência complexa total associada a mesma carga na conexão estrela.

1.1.10. Exemplo 1.2

A carga balanceada na ligação estrela com centro estrela aterrado a seguir, tem seus terminais alimentados por uma fonte simétrica e na sequência direta ABC, também na conexão estrela aterrada e com tensão de fase **220 Vrms**. Determine os fasores das tensões de fase, os fasores das correntes de linha, o fasor da corrente de retorno e a potência aparente, ativa e reativa desenvolvida pela carga.

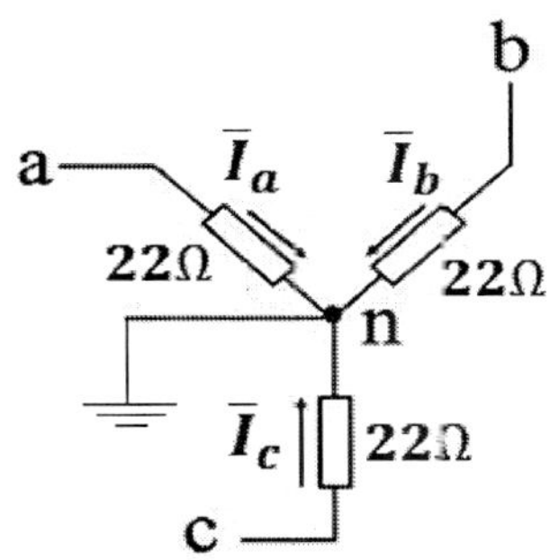

Figura 21 - Carga trifásica com centro estrela aterrada

Solução:

Tomando a tensão da fase "$\boldsymbol{an}$" como referência temos,

$$\bar{V}_{an} = 220\angle 0°V$$

$$\bar{V}_{bn} = 220\angle -120°V$$

$$\bar{V}_{cn} = 220\angle 120°V$$

Cálculo da corrente de linha e da corrente de retorno.

$$\overline{I}_a = \frac{\overline{V}_{an}}{22} = \frac{220\angle 0°}{22} = 10\angle 0° A$$

$$\overline{I}_b = \frac{\overline{V}_{bn}}{22} = \frac{220\angle - 120°}{22} = 10\angle - 120° A$$

$$\overline{I}_c = \frac{\overline{V}_{cn}}{22} = \frac{220\angle 120°}{22} = 10\angle 120° A$$

$$\overline{I}_n = \overline{I}_a + \overline{I}_b + \overline{I}_c = (10\angle 0°) + (10\angle - 120°) + (10\angle 120°) = 0\angle 0°$$

Cálculo da potência aparente da carga.

$$\overline{S}_a = \overline{V}_{an}(\overline{I}_a)^* = (220\angle 0°)(10\angle 0°)^* = (220\angle 0°)(10\angle 0°)$$

$$\overline{S}_a = 2200\angle 0° VA$$

$$\overline{S}_{carga} = 3\overline{S}_a = 3(2200\angle 0°) = 6600\angle 0°\ VA$$

Cálculo da potência ativa.

$$P_{carga} = S_{carga} cos(0°) = 6600(1) = 6600W$$

Ou,

$$P_{carga} = 3R(I_a)^2 = 3(22)(10)^2 = 6600W$$

Cálculo da potência reativa.

$$Q_{carga} = S_{carga} sen(0°) = 6600(0) = 0\ VAr$$

Como a carga é puramente resistiva temos que a potência aparente é igual à potência ativa e a potência reativa é nula. Observem que as correntes e as tensões estão em fase, logo o fator de potência é unitário.

1.1.11. Exemplo 1.3

A carga balanceada na ligação estrela a seguir é alimentada por uma fonte simétrica e na sequência direta ABC, ambos aterrados, conforme mostrado na Figura 22. O valor da tensão de pico entre os terminais "$\boldsymbol{a}$" e "$\boldsymbol{b}$" é de **400V** com fase **0°** Determine os fasores das tensões de fase, os fasores das correntes de linha, a potência aparente, a potência ativa e a potência reativa desenvolvida pela carga. Mostre no diagrama fasorial em um mesmo plano, os fasores das tensões de fase e de linha. Mostre no diagrama fasorial os fasores das correntes de linha. Considere as reatâncias da fonte, as impedâncias das linhas de transmissão e de neutro nulas. Desconsidere as indutâncias mútuas.

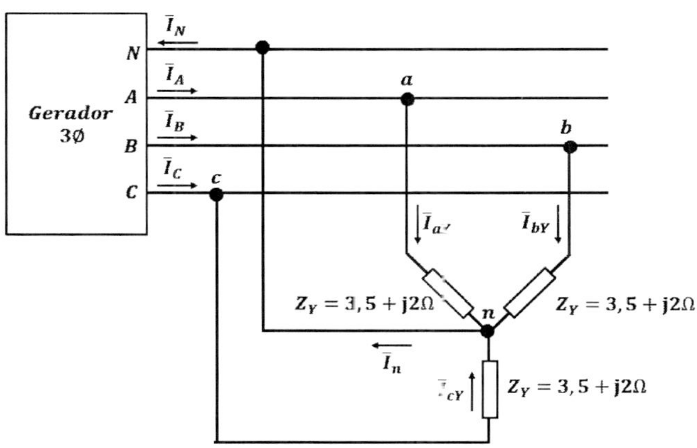

Figura 22 - Carga trifásica na conexão estrela a quatro fios.

Solução:

O módulo do valor da tensão eficaz entre os terminais "$\boldsymbol{a}$" e "$\boldsymbol{b}$" é:

$$V_{ef} = \frac{V_{máx}}{\sqrt{2}} = \frac{400}{\sqrt{2}} = 282,8\ V$$

Como alimentação é simétrica e na sequência direta ABC, os fasores das tensões de linha são:

$$\overline{V}_{ab} = 282,8\angle 0°\ V$$

$$\overline{V}_{bc} = \dot{a}^2\overline{V}_{ab} = (1\angle -120°)(282,8\angle 0°) = 282,8\angle -120°\ V$$

$$\overline{V}_{ca} = \dot{a}\overline{V}_{ab} = (1\angle 120°)(282,8\angle 0°) = 282,8\angle 120°\ V$$

Como o sistema é simétrico e equilibrado, pode-se trabalhar com apenas uma das fases, normalmente adota-se a fase "a". Então o circuito da Figura 22 se resume ao da Figura 23.

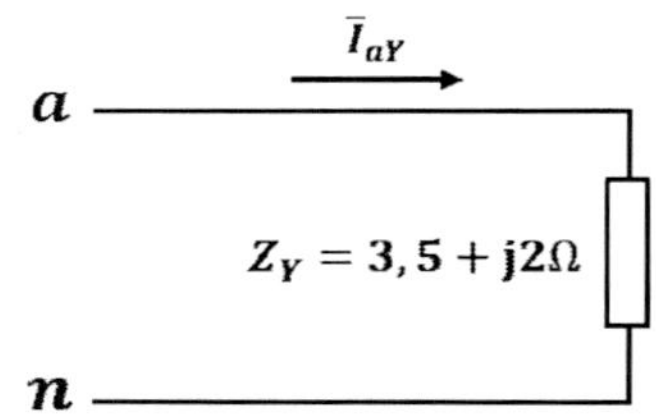

Figura 23 - Circuito da fase "a" do sistema simétrico e equilibrado.

Cálculo do fasor da tensão da fase "a",

$$\overline{V}_{ab} = \sqrt{3}\overline{V}_{an}\angle 30° \rightarrow \overline{V}_{an} = \frac{\overline{V}_{ab}}{\sqrt{3}}\angle -30°$$

$$\overline{V}_{an} = \frac{\overline{V}_{ab}}{\sqrt{3}}\angle -30° = \frac{282,8}{\sqrt{3}}\angle -30° = 163,3\angle -30°\ V$$

Como a carga é equilibrada e a fonte é simétrica e na sequência direta ABC, temos:

$$\overline{V}_{bn} = \dot{a}^2\overline{V}_{an} = (1\angle -120°)(163,3\angle -30°) = 163,3\angle -150°\ V$$

$$\overline{V}_{cn} = \dot{a}\overline{V}_{an} = (1\angle 120°)(163,3\angle -30°) = 163,3\angle 90°\ V$$

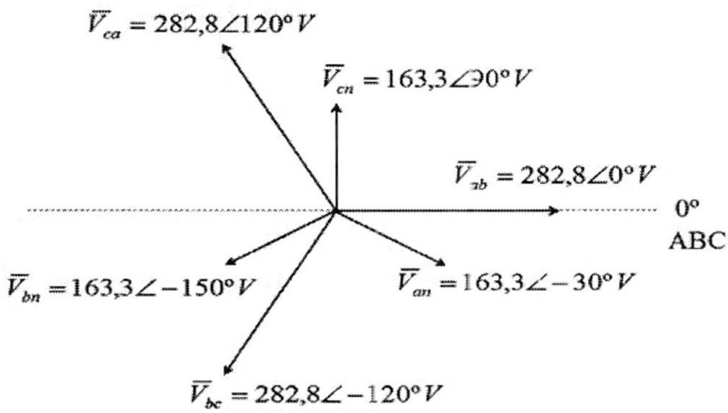

Figura 24 - Representação gráfica dos fasores das tensões de fase e de linha.

Cálculo do fasor da corrente da fase "a",

$$\overline{I}_{aY} = \frac{\overline{V}_{an}}{Z_Y} = \frac{163,3\angle -30°}{3,5 + j2} = \frac{163,3\angle -30°}{4\angle 29,7°} = 40,8\angle -59,7°\ A$$

Como o sistema é simétrico e equilibrado, temos:

$$\overline{I}_{bY} = \dot{a}^2\overline{I}_{aY} = (1\angle -120°)(40,8\angle -59,7°) = 40,8\angle -179,7°\ A$$

$$\overline{I}_{cY} = \dot{a}\overline{I}_{aY} = (1\angle 120°)(40,8\angle -59,7°) = 40,8\angle 60,3°\ A$$

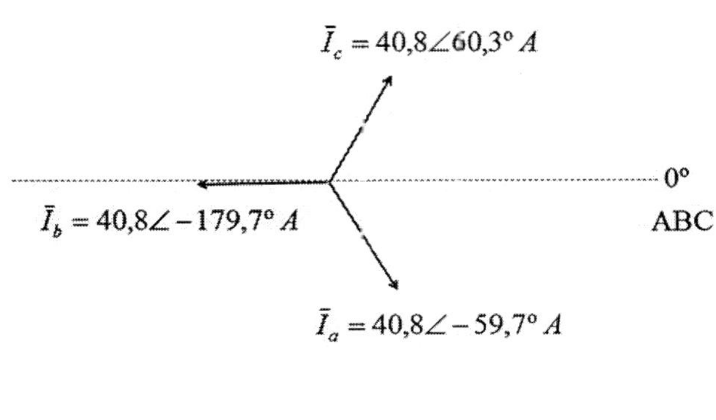

Figura 25 - Representação gráfica dos fasores das correntes de linha.

Cálculo da potência aparente, da potência ativa e da potência reativa.

$$\overline{S}_a = \overline{V}_a(\overline{I}_a)^*$$

$$\overline{S}_a = (163,3\angle -30°)(40,8\angle -59,7°)^*$$

$$\overline{S}_a = (163,3\angle -30°)(40,8\angle 59,7°)$$

$$\overline{S}_a = 6650,4\angle 29,7°\ V$$

$$\overline{S}_T = 3\overline{S}_a = 3(6650,4\angle 29,7°)$$

$$\overline{S}_T = 20\angle 29,7° kVA$$

$$P_T = S_T \cos(29,7°) = 20.10^3.\cos(29,7°) = 17,3\ kW$$

$$Q_T = S_T\,\mathrm{sen}(29,7°) = 20.10^3.\mathrm{sen}(29,7°) = 10\ kVAr$$

1.1.12. Exemplo 1.4

Determine os fasores das correntes de fase e de linha, a potência aparente, ativa e reativa desenvolvida pela mesma carga e sendo alimentada pela mesma fonte do **Exemplo 1.3** agora na conexão Delta.

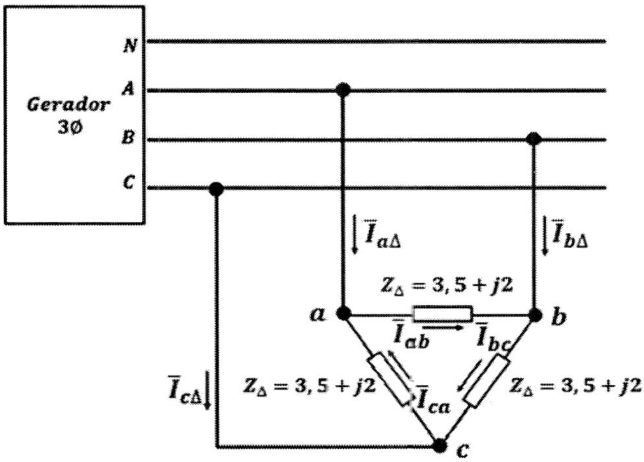

Figura 26 - Carga trifásica na conexão estrela a quatro fios.

Solução:

Cálculo das correntes fases na carga.

$$\bar{I}_{ab} = \frac{\bar{V}_{ab}}{Z_\Delta} = \frac{282,8\angle 0^\circ}{3,5 + j2} = \frac{282,8\angle 0^\circ}{4\angle 29,7^\circ} = 70,7\angle -29,7^\circ\ A$$

Como o sistema é simétrico e equilibrado, temos:

$$\bar{I}_{bc} = 70,7\angle -149,7^\circ\ A$$

$$\bar{I}_{ca} = 70,7\angle 90,3^\circ\ A$$

Cálculo das correntes de linha na carga.

$$\bar{I}_{a\Delta} = \sqrt{3}\bar{I}_{ab}\angle -30^\circ = \sqrt{3}(70,7\angle -29,7^\circ)\angle -30^\circ\ A$$

$$\bar{I}_{a\Delta} = 122,4\angle -59,7^\circ A$$

$$\bar{I}_{b\Delta} = 122,4\angle -179,7^\circ A$$

$$\bar{I}_{c\Delta} = 122,4\angle 60,3^\circ A$$

Cálculo da potência ativa total desenvolvida na carga.

$$P_{ab} = V_{ab}I_{ab}cos\theta = (282,8)(70,7)cos(29,7°)$$

$$P_{ab} = 17,4 \text{ kW}$$

$$P_{T\_\Delta} = 3P_{ab} = 3(17,4.10^3) = 52,2 \text{ kW}$$

Cálculo da potência reativa total desenvolvida na carga.

$$Q_{ab} = V_{ab}I_{ab}sen\theta = (282,8)(70,7)sen(29,7°)$$

$$Q_{ab} = 9,9 \text{ kW}$$

$$Q_{T\_\Delta} = 3Q_{ab} = 3(9,9.10^3) = 29,7 \text{ kVAr}$$

Cálculo da potência aparente total desenvolvida na carga.

$$\overline{S}_{ab} = P_{ab} + jQ_{ab} = 17,4.10^3 + j9,9.10^3 \text{ VA}$$

$$\overline{S}_{ab} = 20.10^3\angle 29,7° \text{ VA}$$

$$\overline{S}_{T_\Delta} = 3\overline{S}_{ab} = 3(20.10^3\angle 29,7°) = 60.10^3\angle 29,7°$$

$$\overline{S}_{T_\Delta} = 60\angle 29,7° \text{kVA}$$

1.1.13. Exemplo 1.5

Uma fonte simétrica e na sequência direta ABC alimenta através de um barramento trifásico duas cargas balanceadas em paralelo, Figura 27. Com as informações descritas a seguir, calcule todas as correntes que circulam na rede elétrica, a potência ativa, reativa e aparente desenvolvida nas cargas e a potência aparente, ativa e reativa fornecida pela fonte.

$$v_{AB}(t) = 380sen(\omega t + 0°)\ V;$$

$$Z_{1Y} = 3,5 + j1,2\ \Omega;$$

$$Z_{2\Delta} = 12,6 + j4,8\ \Omega.$$

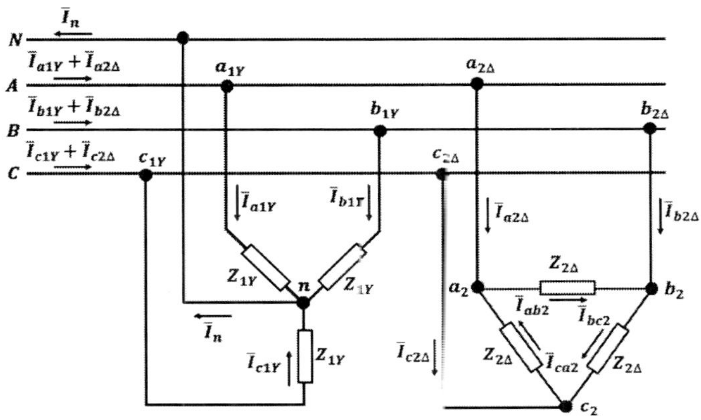

Figura 27 - Cargas nas conexões estrela e delta em paralelo alimentado por uma fonte simétrica e na sequência direta ABC.

Solução:

Cálculo da tensão de fase $\boldsymbol{V_{AN}}$.

$$v_{AB}(t) = 380sen(\omega t + 0°)\ V$$

$$V_{máx} = 380\ V$$

$$\bar{V}_{AB} = \frac{V_{máx}}{\sqrt{2}}\angle 0° = \frac{380}{\sqrt{2}}\angle 0° = 268,7\angle 0°\ V$$

Como a fonte é simétrica e na sequência direta ABC, temos:

$$\bar{V}_{AB} = 268,7\angle 0°\ V$$

$$\bar{V}_{BC} = \dot{a}^2\bar{V}_{AB} = (1\angle -120°)(268,7\angle 0°) = 268,7\angle -120°\ V$$

$$\bar{V}_{CA} = \dot{a}\bar{V}_{AB} = (1\angle 120°)(268,7\angle 0°) = 268,7\angle 120°\ V$$

Cálculo da tensão de fase,

$$\bar{V}_{AB} = \sqrt{3}\bar{V}_{AN}\angle 30°\ V$$

$$\bar{V}_{AN} = \frac{\bar{V}_{AB}}{\sqrt{3}}\angle -30°\ V$$

$$\overline{V}_{AN} = \frac{(268,7\angle 0^\circ)}{\sqrt{3}}\angle -30^\circ\, V = \mathbf{155,1\angle -30^\circ\, V}$$

Cálculo de $\boldsymbol{\overline{I}_{a1Y}}$:

$$\overline{I}_{a1Y} = \frac{\overline{V}_{AN}}{Z_{1Y}} = \frac{155,1\angle -30^\circ}{3,5+j1,2} = \frac{155,1\angle -30^\circ}{3,7\angle 18,9^\circ} = \mathbf{41,9\angle -48,9^\circ\, A}$$

Como a **carga 1** é balanceada e está sendo alimentada por uma fonte simétrica e na sequência direta ABC temos,

$$\overline{I}_{a1Y} = 41,9\angle -48,9^\circ\, A$$

$$\overline{I}_{b1Y} = \dot{a}^2\overline{I}_{a1Y} = (1\angle -120^\circ)(41,9\angle -48,9^\circ) = 41,9\angle -168,9^\circ\, A$$

$$\overline{I}_{c1Y} = \dot{a}\overline{I}_{a1Y} = (1\angle 120^\circ)(41,9\angle -48,9^\circ) = 41,9\angle 71,1^\circ\, A$$

Cálculo de $\boldsymbol{\overline{I}_{a2Y}}$:

$$\overline{I}_{a2Y} = \frac{\overline{V}_{AN}}{Z_{2Y}} = \frac{155,1\angle -30^\circ}{4,2+j1,6} = \frac{155,1\angle -30^\circ}{4,5\angle 20,8^\circ} = 34,5\angle -50,8^\circ\, A$$

A **carga 2** também é balanceada e está na conFiguração delta. Calculando as correntes de fase da **carga 2** temos,

$$\overline{I}_{ab2} = \frac{\overline{V}_{AB}}{Z_{2\Delta}} = \frac{268,7\angle 0^\circ}{12,6+j4,8} = \frac{268,7\angle 0^\circ}{13,5\angle 20,8^\circ} = 19,9\angle -20,8^\circ\, A$$

$$\overline{I}_{bc2} = \dot{a}^2\overline{I}_{ab2} = (1\angle -120^\circ)(19,9\angle -20,8^\circ) = 19,9\angle -140,8^\circ\, A$$

$$\overline{I}_{ca2} = \dot{a}\overline{I}_{ab2} = (1\angle 120^\circ)(19,9\angle -50,8^\circ) = 19,9\angle 99,2^\circ\, A$$

Cálculo das correntes de linha na **carga 2**:

$$\overline{I}_{a2\Delta} = \sqrt{3}\overline{I}_{ab2}\angle -30^\circ = \sqrt{3}(19,9\angle -20,8^\circ)\angle -30^\circ$$

$$\overline{I}_{a2\Delta} = 34,5\angle -50,8^\circ A$$

Logo,

$$\overline{I}_{b2\Delta} = \dot{a}^2\overline{I}_{a2\Delta} = (1\angle -120^\circ)(34,5\angle -50,8^\circ) = 34,5\angle -170,8^\circ\, A$$

$$\overline{I}_{c2\Delta} = \dot{a}\overline{I}_{a2\Delta} = (1\angle 120°)(34,5\angle -50,8°) = 34,5\angle 69,2°\ A$$

Cálculo das correntes de linha no barramento:

$$\overline{I}_A = \overline{I}_{a1Y} + \overline{I}_{a2\Delta} = (41,9\angle -48,9°) + (34,5\angle -50,8°)$$

$$\overline{I}_A = 76,4\angle -49,8°\ A$$

Como as cargas são balanceadas temos,

$$\overline{I}_A = 76,4\angle -49,8°\ A$$

$$\overline{I}_B = \dot{a}^2\overline{I}_A = (1\angle -120°)(76,4\angle -49,8°) = 76,4\angle -169,8°\ A$$

$$\overline{I}_C = \dot{a}\overline{I}_A = (1\angle 120°)(76,4\angle -49,8°) = 76,4\angle 70,2°\ A$$

Cálculo da corrente de neutro. Como a carga 1 é equilibrada temos então,

$$\overline{I}_N = 0$$

Cálculo da potência ativa desenvolvida na fase "A" da carga 1:

$$P_{a1Y} = V_{AN}I_{a1Y}cos(\beta_1)$$

Onde $\beta_1 = \theta_{V_{AN}} - \varphi_{I_{a1Y}} = -30° - (-48,9°) = 18,9°$

$$P_{a1Y} = V_{AN}I_{a1Y}cos\beta_1 = (155,1)(41,9)cos(18,9°) = 6,15\ kW$$

Potência ativa total absorvida pela carga 1:

$$P_1 = 3P_{a1Y} = 3(6,15) = 18,45kW$$

Cálculo da potência reativa desenvolvida na fase "A" da carga 1:

$$Q_{a1Y} = V_{AN}I_{a1Y}sen\beta_1 = (155,1)(41,9)sen\ (18,9°) = 2,1\ \text{kVAr}$$

Potência reativa total absorvida pela carga 1:

$$Q_1 = 3Q_{a1Y} = 3(2,1) = 6,3kW$$

Cálculo da potência aparente desenvolvida na fase "A" da carga 1:

$$\overline{S}_{a1Y} = P_{a1Y} + jQ_{a1Y} = 6,15.10^3 + j2,1.10^3 \text{ VA}$$

$$\overline{S}_{a1Y} = 6,5\angle 18,9^\circ \; kVA$$

Cálculo da potência aparente total desenvolvida na fase "A" da carga 1:

$$\overline{S}_{1Y} = 3.(6,5\angle 18,9^\circ) = 19,5\angle 18,9^\circ \; kVA$$

Cálculo da potência ativa desenvolvida nos terminais "AB" da carga 2:

$$P_{ab2\Delta} = V_{AB} I_{ab2} \cos(\beta_2)$$

Onde

$$\beta_2 = \theta_{V_{AB}} - \varphi_{I_{a2\Delta}} = -30^\circ - (-50,8^\circ) = 20,8^\circ$$

Logo,

$$P_{ab2\Delta} = V_{AB} I_{ab2} \cos(\beta_2) = (268,7)(19,9)cos(20,8^\circ) = 5,0 \text{ kW}$$

Potência ativa total absorvida pela carga 2.

$$P_2 = 3.P_{ab2\Delta} = 3(5,0) = 15kW$$

Cálculo da potência reativa desenvolvida nos terminais "AB" da carga 2:

$$Q_{ab2\Delta} = V_{AB} I_{ab2} \text{sen}(\beta_2)$$

$$Q_{ab2\Delta} = V_{AB} I_{ab2} \text{sen}(\beta_2) = (268,7)(19,9)sen(20,8^\circ) = 1,9 \text{ kVAr}$$

Potência reativa total absorvida pela carga 2.

$$Q_2 = 3.Q_{ab2\Delta} = 3.(1,9) = 5,7kVAr$$

Cálculo da potência aparente desenvolvida nos terminais "AB" da carga 2:

$$\overline{S}_{ab2\Delta} = P_{ab2\Delta} + jQ_{ab2\Delta} = 5.10^3 + j1,9.10^3 \text{ VA}$$

$$\overline{S}_{ab2\Delta} = 5,4\angle 20,8^\circ \text{ kVA}$$

Cálculo da potência aparente total desenvolvida na carga 2

$$\overline{S}_{2\Delta} = 3.\overline{S}_{ab2\Delta} = 3.(5,4\angle 20,8^\circ) = 16,2\angle 20,8^\circ \text{ kVA}:$$

Cálculo da potência ativa total entregue pela fonte das cargas:

$$P_{fonte} = P_1 + P_2 = 18,45.10^3 + 15.10^3 = 33,45.10^3 = 33,45 \text{ kW}$$

Cálculo da potência reativa total entregue pela fonte das cargas:

$$Q_{fonte} = Q_1 + Q_2 = 6,3.10^3 + 5,7.10^3 = 12.10^3 = 12 \text{ kVAr}$$

Cálculo da potência, aparente entregue pela fonte das cargas:

$$S_{fonte} = \sqrt{\left(P_{fonte}\right)^2 + \left(Q_{fonte}\right)^2}$$

$$S_{fonte} = \sqrt{(33,45.10^3)^2 + (12.10^3)^2}$$

$$S_{fonte} = \sqrt{1118902500 + 144000000}$$

$$S_{fonte} = 35,54 \text{ kVA}$$

$$\theta_{fonte} = arctg\left(\frac{Q_{fonte}}{P_{fonte}}\right) = arctg\left(\frac{12}{33,45}\right) = 19,7^\circ$$

$$\overline{S}_{fonte} = S_{fonte}\angle\theta_{fonte} = 35,54\angle 19,7^\circ \text{kVA}$$

1.1.14. Exercícios de Fixação

1. Considere a carga na conexão delta sendo alimentada por um gerador trifásico na conexão estrela a três fios e na sequência de fases ABC.

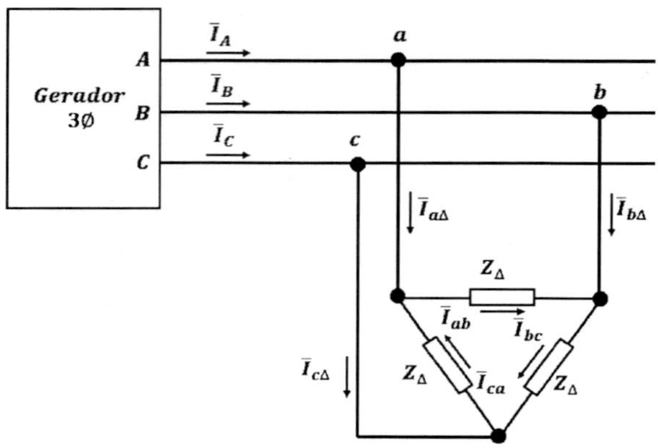

Figura 28 - Circuito referente à questão 1 do Exercício de Fixação 4.1.12.

Dados:

$$\overline{V}_{AB} = \mathbf{180\angle 0°\ V};$$

$$Z_{\Delta} = \mathbf{5} + \boldsymbol{j}\mathbf{3}\ \Omega.$$

Determine os fasores das correntes de fase e das correntes de linha.

2. Um Gerador trifásico na conexão estrela a quatro fios e na sequência de fases ABC alimenta uma carga trifásica, conforme Figura abaixo.

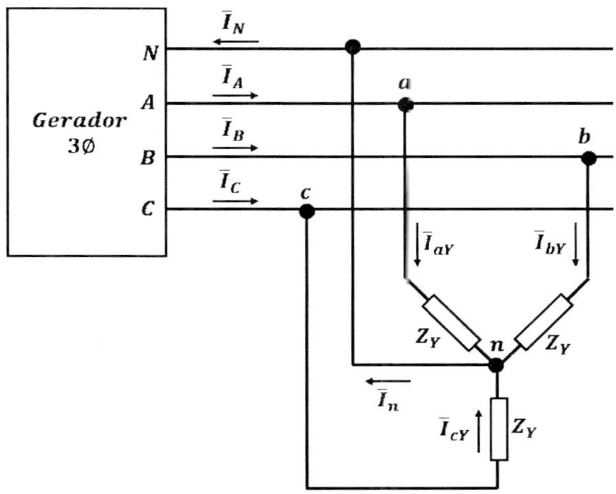

Figura 29 - Circuito referente à questão 2 do Exercício de Fixação 4.1.12.

Dados:

$$\overline{\boldsymbol{V}}_{CA} = \mathbf{100\angle - 120°}\ \text{V e } \boldsymbol{Z}_Y = \mathbf{4} - \boldsymbol{j}\mathbf{2,5}\ \Omega.$$

Determine os fasores das tensões de fases, das correntes de linha e as potências ativa, reativa e aparente absorvida pela carga.

3. Um gerador trifásico equilibrado e na sequência ABC alimenta duas cargas balanceadas em paralelo. Com os dados fornecidos abaixo, calcule todas as correntes fasoriais que circulam no circuito elétrico, a potência ativa, reativa e aparente desenvolvida nas cargas e a potência aparente, ativa e reativa fornecida pela fonte:

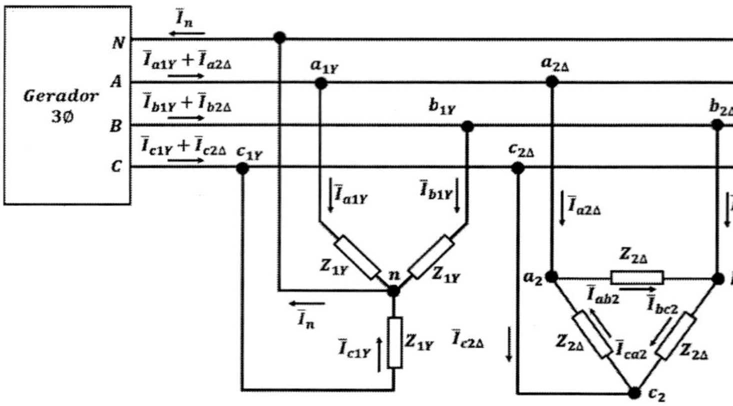

Figura 30 - Circuito referente à questão 3 do Exercício de Fixação 4.1.12

Dados:

$$v_{BC}(t) = \mathbf{177}\boldsymbol{sen}(\boldsymbol{\omega t} - \mathbf{120°})\ \mathbf{V};$$

$$\boldsymbol{Z}_{1Y} = \mathbf{2,8} + \boldsymbol{j}\mathbf{1,5}\ \Omega;$$

$$\boldsymbol{Z}_{2\Delta} = \mathbf{9,3} - \boldsymbol{j}\mathbf{5,1}\ \Omega.$$

1.2. Diagrama Unifilar

Os Diagramas Unifilares são esquemas de ligações compostos por símbolos que descrevem de modo simplificado, mas muito eficientes todos os equipamentos e condutores que fazem parte de um sistema elétrico do mais simples aos mais complexos, e como eles estão interligados. Na Figura 31 temos um Diagrama Unifilar de um Sistema Elétrico de Potência radial composto por um Gerador, um Transformador, uma Linha de Transmissão e uma carga, todos trifásicos e interligados entre si.

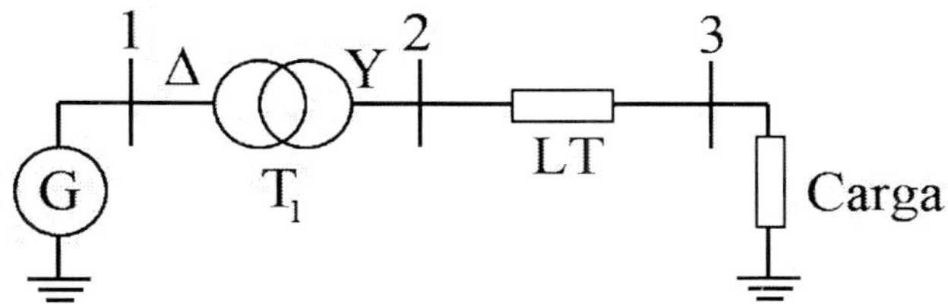

Figura 31 - Diagrama Unifilar de um Sistema Elétrico.

Na Figura 32 temos um exemplo de um diagrama unifilar radial fictício de um sistema de potência composto por um Gerador, um Transformador de Potência Elevador, uma Linha de Transmissão, um Transformador de Potência Abaixador e uma Carga com características indutivas.

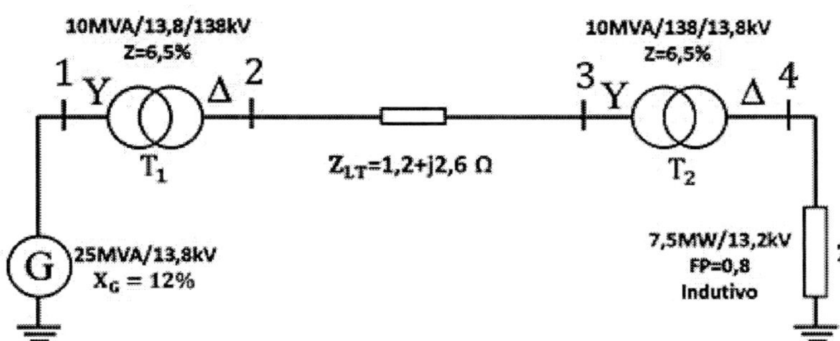

Figura 32 - Diagrama Unifilar de um Sistema Elétrico de Potência radial fictício.

1.3. Diagrama Trifilar ou Multifilar

São esquemas de ligações que mostram a representação completa da interligação de todos os equipamentos trifásicos, bifásicos e monofásicos e seus condutores. Quando os sistemas elétricos são bem simples, no Diagrama Trifilar ou Multifilar consegue-se ter uma visão bem detalhada da interligação entre seus componentes, independentemente da posição física real em que se encontram. Já, para sistemas elétricos de grande porte e bastantes complexos e com muitos equipamentos interligados, o Diagrama Trifilar ou Multifilar dificulta em muito a análise. Na Figura 33 temos o Diagrama Trifilar do sistema elétrico mostrado na Figura 31.

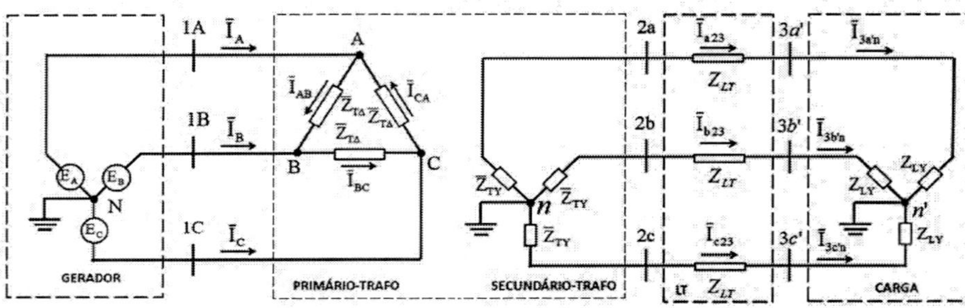

Figura 33 - Diagrama Trifilar de um Sistema Elétrico.

1.4. Diagrama de Impedâncias

É a representação do diagrama por fase ou monofásico dos parâmetros dos equipamentos presentes em um Diagrama Unifilar, geralmente em pu, "por unidade", assunto que será abordado com detalhes futuramente. Na Figura 34 temos o diagrama de impedâncias completo do sistema elétrico da Figura 31 onde estão sendo mostrados os ramos shunt indutivos do Trafo e capacitivos da linha de transmissão e as resistências dos equipamentos e da linha de transmissão. Na Figura 35 temos o mesmo diagrama de impedâncias do sistema elétrico da Figura 34, onde agora estão sendo desprezados os ramos shunt indutivos do Trafo e capacitivos da linha de transmissão e as resistências dos equipamentos e da linha de transmissão. Este Diagrama mostrado na Figura 35 é conhecido como Diagrama de Reatâncias.

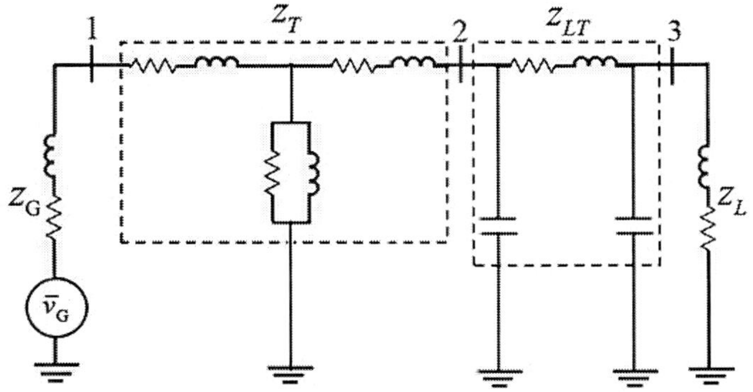

Figura 34 - Diagrama de Impedâncias do Sistema Elétrico da Figura 4.24.

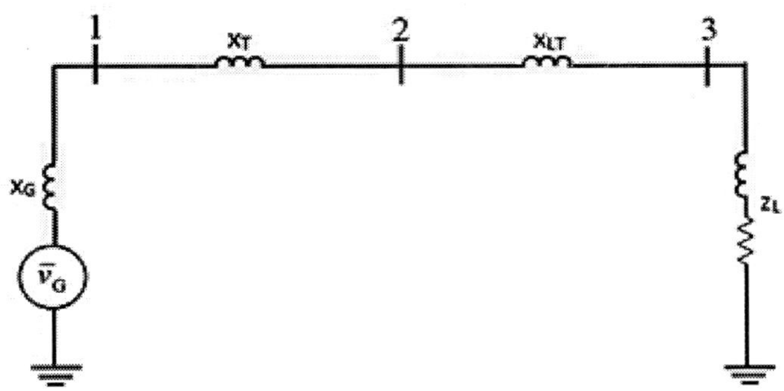

Figura 35 - Diagrama de Reatâncias do Sistema Elétrico da Figura 4.26.

Capítulo 2

Transformadores

2.1. Transformador monofásico ideal

O transformador, mais especificamente o monofásico é composto de duas bobinas envolvidas em torno de um núcleo, geralmente de ferro silício. A Figura 36 ilustra um transformador ideal monofásico.

O enrolamento conhecido como de alta tensão, como sugere o próprio nome, possui um número maior de espiras que o enrolamento de baixa tensão. Com relação às correntes, devido à relação inversa, como veremos a seguir, o enrolamento de alta tensão terá à menor corrente e o de baixa, a maior corrente.

No transformador, qualquer um dos enrolamentos pode atuar como primário ou secundário. Considera-se o enrolamento primário onde a fonte está interligada e o enrolamento secundário onde a carga está conectada.

Porém, devido à praticidade, no decorrer de todo este livro, serão utilizadas a convenção "primário" para o enrolamento do lado esquerdo do transformador e "secundário" para o enrolamento do lado direito, independentemente da tensão aplicada se alta ou baixa tensão.

No decorrer do livro, os parâmetros do lado do enrolamento primário (lado esquerdo) do transformador em estudo, serão representados sempre pelo subscrito **1**. Já os parâmetros do lado do enrolamento secundário (lado direito) pelo subscrito **2**.

A Figura Figura 37 ilustra o esquema do transformador ideal monofásico, onde na bobina primária do transformador está acoplada uma fonte de tensão e na bobina secundária está conectada uma carga. O transformador ideal, por definição, é aquele em que a resistividade do cobre é nula e a permeabilidade do núcleo de ferro é infinita. Matematicamente, temos:

$$\boldsymbol{\rho = 0 \ \ e \ \ \mu = \infty} \tag{2.1}$$

Onde:

$\boldsymbol{\rho}$: é a resistividade do cobre;

$\boldsymbol{\mu}$: é a permeabilidade do núcleo de ferro.

Sendo assim no transformador ideal, podemos considerar algumas hipóteses que estão relacionadas a seguir:

a) A permeabilidade magnética do núcleo é considerada infinita, portanto, a relutância do circuito magnético é nula;
b) As resistências das bobinas primárias e secundárias são nulas, portanto, as perdas ôhmicas inexistem;
c) As perdas do ferro no núcleo são nulas, assim sendo, não há histerese e nem correntes parasitas;
d) Não há dispersão de fluxo, ou seja, ele está todo concentrado no núcleo e são concatenadas com ambas as bobinas.

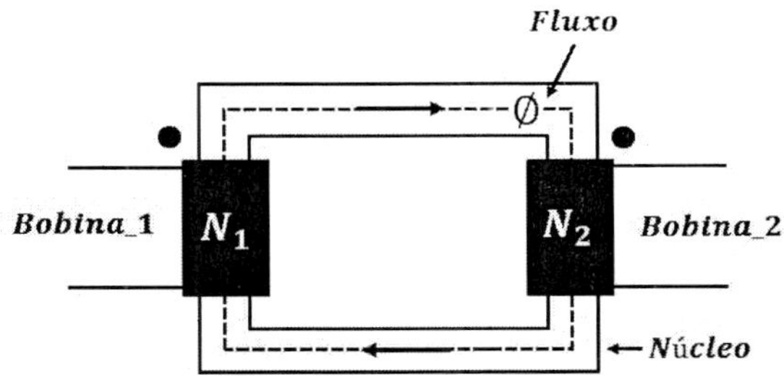

Figura 36 - Esquema de um transformador monofásico ideal sem carga conectada no secundário.

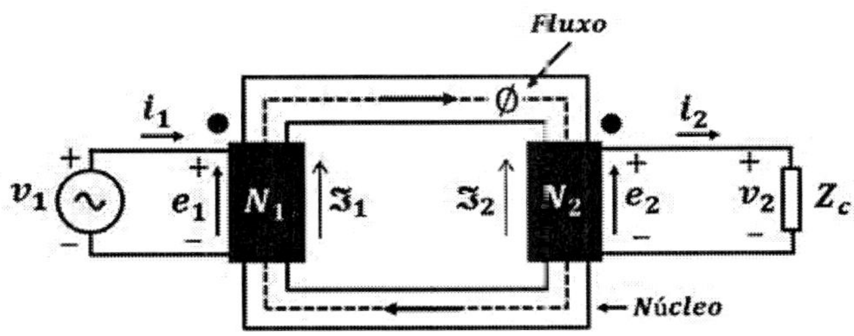

Figura 37 - Esquema de um transformador monofásico ideal com fonte e carga conectada no primário e secundário respectivamente.

Abaixo estão descritos os parâmetros do transformador na Figura 37, supondo em regime permanente.

v_1: Tensão instantânea primária;

v_2: Tensão instantânea secundária;

e_1: Tensão instantânea induzida no primário;

e_2: Tensão instantânea induzida no secundário;

i_1: Corrente instantânea primária;

i_2: Corrente instantânea secundária;

N_1: Número de espiras do enrolamento primário;

N_2: Número de espiras do enrolamento secundário;

$\mathfrak{I}_1$: Força magnetomotriz produzida pela corrente i_1;

$\mathfrak{I}_2$: Força magnetomotriz produzida pela corrente i_2;

∅: Fluxo magnético;

Z_c: Carga conectada no enrolamento secundário.

Na Figura 38 temos o diagrama elétrico de um Trafo monofásico ideal.

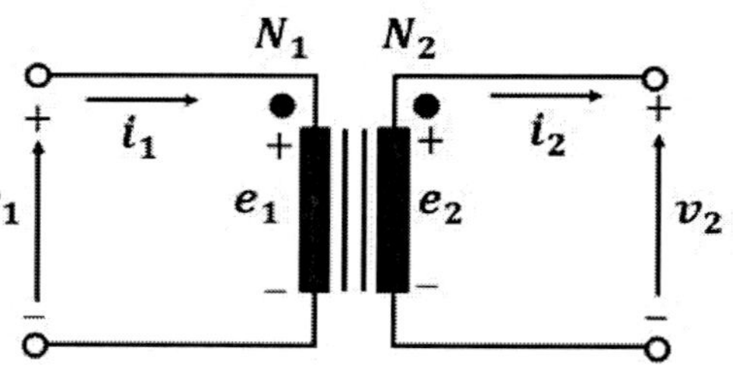

Figura 38 - Diagrama elétrico de um Trafo monofásico ideal.

Observe na Figura 37 e pela convenção dos pontos em negritos nos enrolamentos, quando uma tensão senoidal v_1 é aplicada na bobina do circuito primário do transformador teremos uma corrente alternada i_1 descendente circulando na bobina primária e que faz surgir uma componente de intensidade magnética H_1 ,uma densidade magnética B_1, uma força magnetomotriz $\boldsymbol{F_{m1}}$ e um fluxo magnético $\emptyset$, todos alternados, onde este último circula no núcleo do transformador mergulhando descendentemente no corpo da bobina do circuito secundário e fazendo aparecer uma tensão induzida $\boldsymbol{v_2}$ (Lei de Faraday), além disso, quando a tensão alternada $\boldsymbol{v_1}$ aplicada ao primário assume valores instantâneos positivos no primeiro semiciclo, e negativo no semiciclo seguinte, uma força contra magnetomotriz $\boldsymbol{e_1}$ surge no corpo da bobina primária com uma polaridade que se opõe a tensão da fonte $\boldsymbol{v_1}$ (Lei de Lenz). Também no secundário do transformador, nota-se que a corrente instantânea $\boldsymbol{i_2}$ no instante que alimenta uma carga qualquer está em oposição em relação a corrente $\boldsymbol{i_1}$ e em concordância com a polaridade da tensão induzida $\boldsymbol{e_2}$. A polaridade instantânea de $\boldsymbol{e_2}$ determina a polaridade instantânea de $\boldsymbol{v_2}$ e a direção da corrente que circula na carga.

Quando uma tensão senoidal de frequência angular dada por $\boldsymbol{\omega = 2\pi f}$ é aplicada nos terminais da bobina no primário do transformador com o enrolamento secundário a vazio, a tensão no primário é balanceada por uma $\boldsymbol{fem}$ induzida pela taxa de variação do fluxo concatenado com o enrolamento primário. Esse fluxo concatenado é dado por,

$$\emptyset = \boldsymbol{N_1 \Phi} \qquad (2.2)$$

Onde,

$\boldsymbol{\Phi}$ é definido como sendo o fluxo variável e senoidal no núcleo do transformador e tendo sua equação temporal dada por,

$$\boldsymbol{\phi = \Phi_{máx} sen\omega t} \qquad (2.3)$$

Considerando as hipóteses anteriores, e sendo o fluxo $\boldsymbol{\phi}$ o mesmo em ambas as bobinas no transformador ideal, as forças eletromotrizes induzidas, que denotaremos por $\boldsymbol{e_1}$ e $\boldsymbol{e_2}$ nas bobinas (Lei de Faraday), são consideradas iguais às tensões terminais $\boldsymbol{v_1}$ e $\boldsymbol{v_2}$, e podem ser escritas como,

$$v_1 = e_1 = -N_1 \frac{d\emptyset}{dt} \tag{2.4}$$

Desenvolvendo a equação anterior,

$$v_1 = e_1 = -N_1 \frac{d(\Phi_{máx} sen\omega t)}{dt} = -N_1 \omega \Phi_{máx} cos\omega t$$

$$v_1 = e_1 = -N_1 (2\pi f) \Phi_{máx} cos\omega t$$

Como,

$$-cos\omega t = -[sen(\omega t + 90°)] = sen(\omega t - 90°)$$

Então,

$$v_1 = e_1 = N_1 (2\pi f) \Phi_{máx} sen(\omega t - 90°) \tag{2.5}$$

Para a força eletromotriz induzida no secundário temos,

$$v_2 = e_2 = N_2 \frac{d\emptyset}{dt} \tag{2.6}$$

Onde seguindo o mesmo desenvolvimento obtemos,

$$v_2 = e_2 = N_2 (2\pi f) \Phi_{máx} sen(\omega t - 90°) \tag{2.7}$$

Definindo os valores eficazes das tensões máximas a partir das equações (2.5) e (2.7) como sendo,

$$E_1 = \frac{N_1 (2\pi f) \Phi_{máx}}{\sqrt{2}} = 4,44 N_1 f \Phi_{máx} \tag{2.8}$$

$$\boldsymbol{E_2 = \frac{N_2(2\pi f)\Phi_{máx}}{\sqrt{2}} = 4,44N_2 f\Phi_{máx}} \qquad (2.9)$$

Dividindo (2.8) por (2.9), temos,

$$\boldsymbol{\frac{E_1}{E_2} = \frac{4,44N_1 f\Phi_{máx}}{4,44N_2 f\Phi_{máx}}}$$

Como o Trafo é considerado ideal, o fluxo é o mesmo em ambas as bobinas, então essa relação resulta na equação abaixo,

$$\boldsymbol{\frac{V_1}{V_2} = \frac{E_1}{E_2} = \frac{N_1}{N_2}}$$

Definindo estas relações como "$\boldsymbol{\alpha}$" temos,

$$\boldsymbol{\frac{V_1}{V_2} = \frac{E_1}{E_2} = \frac{N_1}{N_2}} = \alpha \qquad (2.10)$$

Onde "$\boldsymbol{\alpha}$" é definida como a relação entre as espiras do primário pelo secundário, denominada de relação de transformação.

Analisando a equação (2.10), conclui-se que uma das propriedades dos transformadores é a de conduzir a tensão de um lado da bobina para o outro lado da outra bobina e esse deslocamento da tensão pode ter seus parâmetros alterados conforme a relação de transformação "$\boldsymbol{\alpha}$". No transformador ideal, supondo em regime permanente, a relação de transformação entre as tensões pode também ser definida por,

$$\boldsymbol{\frac{V_1}{V_2} = \frac{E_1}{E_2}} = \alpha_v \qquad (2.11)$$

Onde,

$\boldsymbol{V_1}$, $\boldsymbol{E_1}$, $\boldsymbol{V_2}$ e $\boldsymbol{E_2}$ são valores eficazes das tensões do primário e secundário respectivamente.

Da equação Figura 37 deduz que a relação de transformação de tensão é igual à relação de espiras, ou seja,

$$\boldsymbol{\alpha_v = \alpha} \tag{2.12}$$

Quando é conectada uma carga qualquer $\boldsymbol{Z_c}$ no secundário do Trafo, e o primário está sendo alimentado por uma fonte de tensão, como está esquematizado na Figura 37 irá circular uma corrente pela carga. A corrente instantânea na carga é definida por,

$$\boldsymbol{i_L = i_2 = \frac{v_2}{Z_L} = \frac{e_2}{Z_L}} \tag{2.13}$$

A corrente $\boldsymbol{i_2}$ irá produzir uma força magnetomotriz $\boldsymbol{\Im_2}$ no sentido mostrado na Figura 37, definida por:

$$\boldsymbol{\Im_2 = N_2 i_2} \tag{2.14}$$

O fluxo gerado que circula no núcleo tende a se conservar e permanecer invariável, uma vez que é imposta pela tensão $\boldsymbol{v_1 = e_1}$ (Lei de Faraday) e o primário reage criando uma força magnetomotriz $\boldsymbol{\Im_1}$ de mesmo valor, mas contrária a $\boldsymbol{\Im_2}$ (Lei de Lenz), ou seja,

$$\boldsymbol{\Im_1 = N_1 i_1} \tag{2.15}$$

A equação de equilíbrio da força magnetomotriz é dada por

$$\boldsymbol{\Im_1 = \Im_2} \tag{2.16}$$

Então temos,

$$\boldsymbol{N_1 i_1 = N_2 i_2} \tag{2.17}$$

Onde relacionando as correntes do primário e secundário,

$$\boldsymbol{\frac{i_1}{i_2} = \frac{N_2}{N_1}} \tag{2.18}$$

Definindo $\boldsymbol{\alpha_I}$ como sendo a relação de transformação das correntes.

$$\boldsymbol{\frac{i_1}{i_2} = \frac{N_2}{N_1} = \alpha_i} \tag{2.19}$$

Em regime permanente e com seus valores eficazes, temos que:

$$\boldsymbol{\frac{\frac{i_1}{\sqrt{2}}}{\frac{i_2}{\sqrt{2}}} = \frac{I_1}{I_2} = \frac{N_2}{N_1}} \tag{2.20}$$

Onde,

$\boldsymbol{I_1}$ e $\boldsymbol{I_2}$ são os valores eficazes das correntes.

Como,

$$\boldsymbol{\frac{N_2}{N_1} = \alpha_i = \frac{1}{\alpha_v}} \tag{2.21}$$

Então,

$$\boldsymbol{\frac{I_1}{I_2} = \alpha_i = \frac{1}{\alpha_v}} \tag{2.22}$$

Ou seja, as correntes no primário e secundário de um transformador ideal se relacionam na relação inversa em relação ao número de espiras.

De (2.12) temos que $\boldsymbol{\alpha} = \boldsymbol{\alpha_v}$, então pode-se escrever (2.22) como sendo,

$$\frac{\boldsymbol{I_1}}{\boldsymbol{I_2}} = \frac{\boldsymbol{1}}{\boldsymbol{\alpha}} \tag{2.23}$$

Com relação ao módulo da potência aparente em regime permanente, temos no secundário do Trafo monofásico ideal que,

$$\boldsymbol{S_2} = \boldsymbol{V_2 I_2} \tag{2.24}$$

Isolando $\boldsymbol{V_2}$ em (2.10) e $\boldsymbol{I_2}$ em (2.23) e substituindo como em (2.24) temos,

$$\boldsymbol{S_2} = \left(\frac{\boldsymbol{V_1}}{\boldsymbol{\alpha}}\right)\boldsymbol{\alpha I_1} \tag{2.25}$$

Onde obtemos,

$$\boldsymbol{S_2} = \boldsymbol{V_1 I_1} = \boldsymbol{S_1} \tag{2.26}$$

Ou seja,

$$\boldsymbol{S_2} = \boldsymbol{S_1} \tag{2.27}$$

Analisando a equação (2.27), conclui-se que a relação das potências aparentes que será denotada por $\boldsymbol{\alpha_S}$ do transformador ideal é unitária, ou seja,

$$\boldsymbol{\alpha_S} = \frac{\boldsymbol{S_1}}{\boldsymbol{S_2}} = \boldsymbol{1} \tag{2.28}$$

2.2. Polaridade de um transformador

A polaridade de um transformador é uma identificação representada geralmente por um ponto em negrito, que define o sentido da força eletromotriz $(\boldsymbol{fem})$, induzida nos terminais de um enrolamento em um determinado instante e produzido por um fluxo magnético. A polaridade é dependente da maneira como as espiras estão enroladas nos enrolamentos primário e secundário.

A Figura 39 e Figura 40 a seguir apresentam as marcações das polaridades subtrativa e aditiva, respectivamente. Convencionalmente na marcação do ponto na polaridade subtrativa, considera-se que a corrente entra no ponto do terminal primário $\mathbf{H_1}$ e sai pelo ponto do terminal secundário $\mathbf{X_1}$ e ambos os sinais estão em fase. Na polaridade aditiva, convenciona-se também que a corrente entra pelo terminal $\mathbf{H_1}$ e sai pelo terminal $\mathbf{X_1}$, mas com a polaridade do sinal no secundário invertida $\mathbf{180°}$ e isto acontece devido a forma de como as espiras no secundário foram enroladas, Observe a direção como as bobinas no secundário na Figura 39 estão enroladas em relação às bobinas do secundário mostrada na Figura 40. Com relação aos terminais do transformador na polaridade subtrativa, $\mathbf{H_1}$ está na mesma direção de $\mathbf{X_1}$, enquanto na polaridade aditiva estes mesmos terminais estão em lados opostos, inclusive as marcações em negrito.

Com relação aos sinais que entram no primário e saem no secundário, a Figura 41 e a Figura 42 mostram o que acontece no secundário do transformador com polaridade subtrativa e com polaridade aditiva. Vejam que na polaridade subtrativa, numa análise em um mesmo instante de tempo, os sentidos das tensões são os mesmos, ou estão em fase. Na polaridade subtrativa numa mesma análise em um mesmo instante de tempo os sentidos das tensões aparecem com uma defasagem de $\mathbf{180°}$. Normalmente nas aplicações do dia a dia os transformadores possuem polaridade subtrativa.

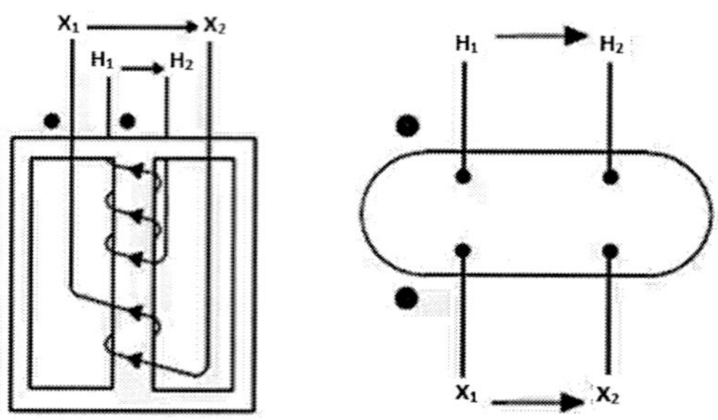

Figura 39 - Trafo monofásico com marcação nos terminais indicando a polaridade subtrativa. Fonte: NBR 5356/1993.

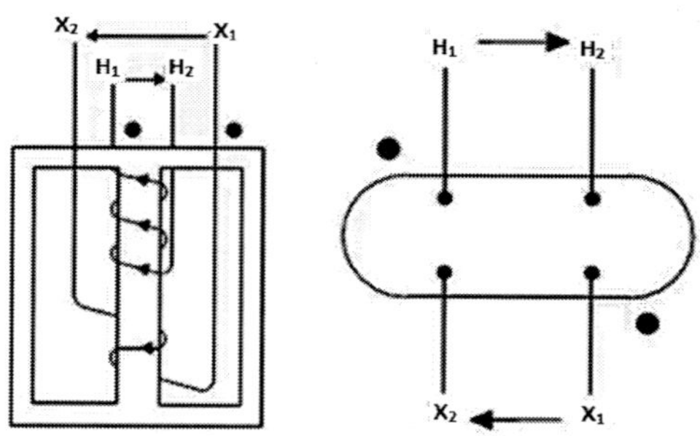

Figura 40 - Trafo monofásico com marcação nos terminais indicando a polaridade aditiva. Fonte: NBR 5356/1993.

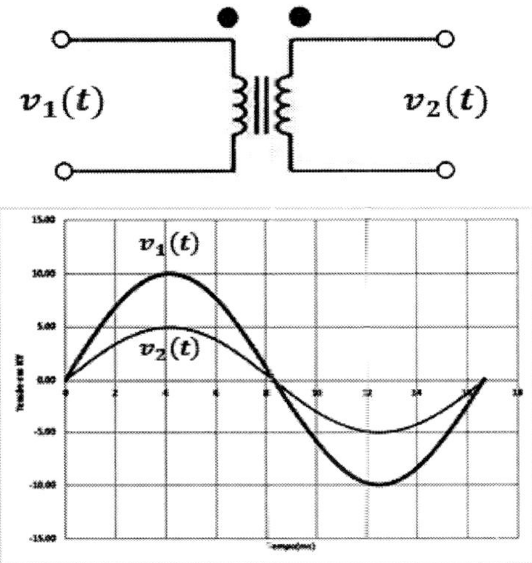

Figura 41 - Tensões de fase no primário e secundário de um transformador monofásico com polaridade subtrativa.

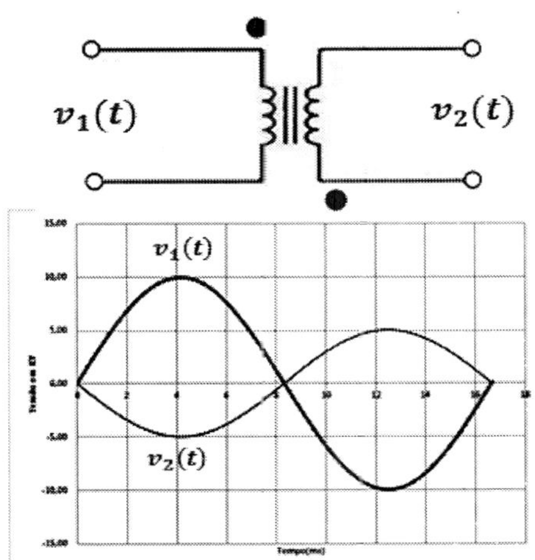

Figura 42 - Tensões de fase no primário e secundário de um transformador monofásico com polaridade aditiva.

2.3. Identificação dos terminais do transformador

Os fabricantes de transformadores no Brasil seguem a recomendação da **NBR 5356** para identificar os terminais dos enrolamentos, utilizando um código alfa numérico, com as letras maiúsculas **H** e **X**, ambas acompanhadas pelos números **0**, **1**, **2**, **3**. A letra **H** é reservada ao enrolamento de alta tensão e a letra **X** para a baixa tensão. A letra **H** acompanhada do número **1** indica o primeiro terminal, acompanhada do número **2**, indica o segundo, e assim sucessivamente. Idem para a letra **X**. O neutro é identificado com a letra correspondente ao enrolamento seguido do número **0** "**zero**". Para os transformadores monofásicos os terminais de alta tensão são identificados por **H1** e **H2** (fase-fase) ou **H1** e **H2T** (fase – terra). Já os terminais de BT são identificados como **X1, X2T** e **X3** (fase-terra-fase) ou **X1** e **X2T** (fase-terra). Neste caso, o terminal **X2T** deve ser aterrado em ambos os casos. A Figura 43 ilustra os terminais de uma das possibilidades de transformadores monofásicos padronizados aqui no Brasil.

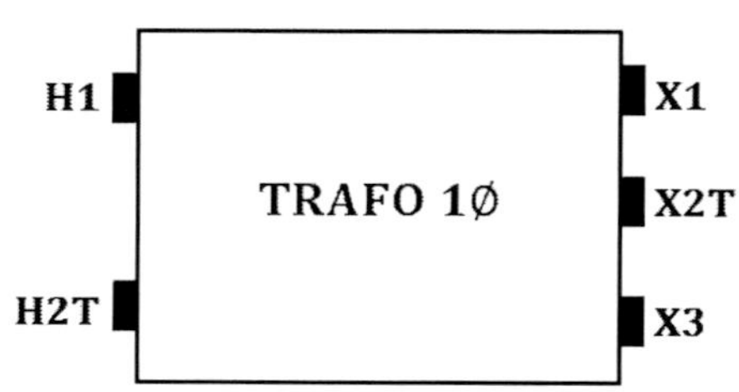

Figura 43 - Transformador monofásico com terminais de MT e BT identificados.

Se o transformador for trifásico segue a mesma convenção adotada para o monofásico, acrescentando mais um código alfa numérico ao terceiro terminal, ou seja, **H3** para o lado de alta, e **X3** para o lado de baixa, juntamente com o **X0**, que identifica o terminal que será destinado à ligação do neutro, Figura 44.

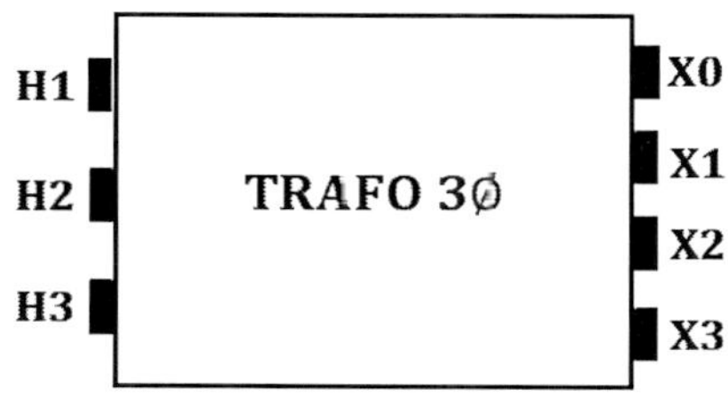

Figura 44 - Transformador trifásico com terminais de MT e BT identificados.

2.3.1. Exemplo 2.1

O transformador de potência monofásico ideal **8MVA/23kV/9,2kV** alimenta uma carga com impedância constante e indutiva em regime permanente, em 60 Hz, conforme esquematizado na Figura 45.

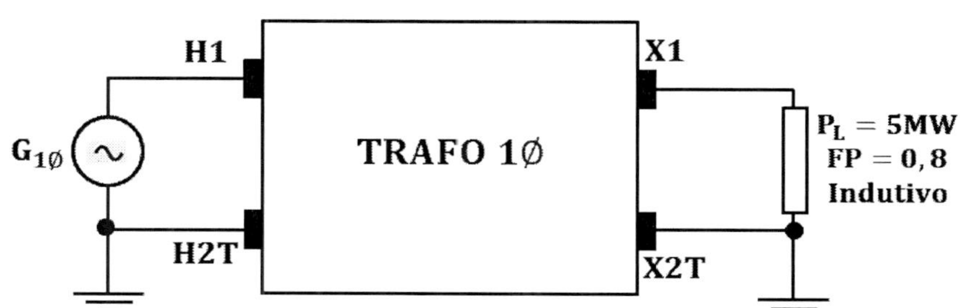

Figura 45 - Trafo monofásico ideal.

As tensões no primário (lado de alta) e secundário (lado de baixa) são valores eficazes.

Pede-se:

a) A relação de transformação de tensão e de corrente;

b) O fasor da corrente drenada pela carga;

c) O fasor da corrente fornecida pela fonte;

d) A potência ativa e reativa fornecida pela fonte;

e) O percentual da potência consumida pela carga em relação à potência nominal do Trafo.

Solução:

a) A relação de transformação de tensão e de corrente;

Relação de tensão:

$$\alpha_v = \frac{V_1}{V_2} = \frac{23}{9,2} = 2,5$$

Relação de corrente:

$$\alpha_I = \frac{1}{\alpha_v} = \frac{1}{2,5} = 0,4$$

b) O fasor da corrente drenada pela carga;

$$\text{FP} = cos\theta_L = 0,8$$

$$S_L = \frac{P_L}{cos\theta_L} = \frac{5.10^6}{0,8} = 6,25\ \text{MVA}$$

A Potência aparente complexa:

$$\overline{S}_L = |S_L|\angle\theta_L = 6,25.10^6\angle 36,9^\circ\ \text{VA}$$

Onde:

$$|S_L| = 6,25.10^6$$

$$\theta_L = arcos(0,8) = 36,9°$$

Considerando como referência o ângulo de fase da tensão no secundário, o valor da corrente drenada pela carga é calculado por,

$$\overline{S}_L = \overline{V}_2(\overline{I}_2)^*$$

$$(\overline{I}_2)^* = \frac{\overline{S}_L}{\overline{V}_2}$$

$$\overline{I}_2 = \left(\frac{\overline{S}_L}{\overline{V}_2}\right)^* = \left(\frac{6,25.10^6\angle 36,9°}{9,2.10^3\angle 0°}\right)^* = \frac{6,25.10^6\angle -36,9°}{9,2.10^3\angle 0°}$$

$$\overline{I}_2 = 679,4\angle -36,9° \text{ A}$$

c) O fasor da corrente fornecida pela fonte;

De (2.22) temos,

$$\alpha_i = \frac{\overline{I}_1}{\overline{I}_2}$$

$$\overline{I}_1 = \alpha_i \overline{I}_2 = (0,4)(679,4\angle -36,9°) = 271,76\angle -36,9° \text{ A}$$

d) A potência ativa e reativa fornecida pela fonte;

Potência complexa:

$$\overline{S}_G = \overline{V}_1(\overline{I}_1)^* = (23.10^3\angle 0°)(271,76\angle -36,9°)^*$$

$$\overline{S}_G = (23.10^3\angle 0°)(271,72\angle 36,9°) = 6,25\angle 36,9° \text{ MVA}$$

Potência Ativa:

$$P_G = V_1 I_1 \cos(36,9°) = (23.10^3)(271,76)(0,8) = 5\ \text{MW}$$

Potência Reativa:

$$Q_G = V_1 I_1 \,\text{sen}(36,9°) = (23.10^3)(271,76)(0,6) = 3,75\ \text{MVAr}$$

e) O percentual da potência consumida pela carga em relação à potência nominal do Trafo.

$$\frac{S_L}{S_T} = \frac{6,25.10^6}{8.10^6} = 0,78125.(100) = 78,125\ \%$$

2.4. Transformador monofásico real

Os transformadores monofásicos são produzidos de duas formas: os de núcleo envolvido (***core type***), e os de núcleo envolvente (***shell type***). No transformador de núcleo envolvido, os enrolamentos de alta e de baixa são fabricados no formato cilíndrico e colocados concentricamente em torno do seu núcleo. O de núcleo envolvente, os enrolamentos são produzidos em forma de disco e são montados numa configuração denominada "sanduíche", ou seja, os enrolamentos de alta e de baixa se revezam em camadas. Estudaremos estes núcleos com mais detalhes na seção que trata de transformadores trifásicos. A Figura 46 e a Figura 47 mostram de forma ilustrativa a forma construtiva dos transformadores de núcleo envolvido e envolvente. A área destacada como BT são os enrolamentos de baixa tensão e a área em destaque como AT são os enrolamentos de alta tensão.

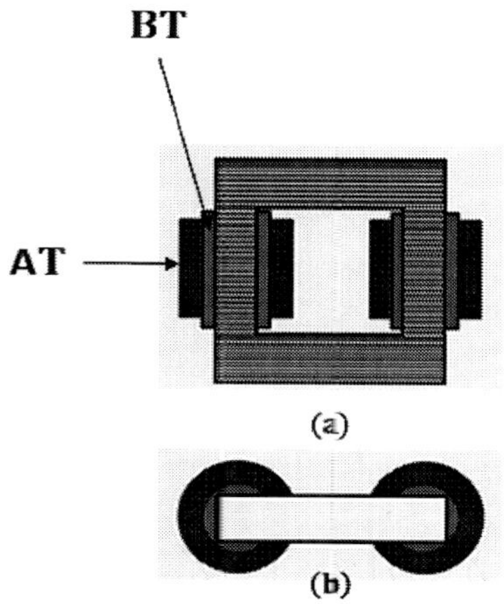

Figura 46 – Transformador monofásico de núcleo envolvido (*core type*): (a) Corte transversal; (b) Vista superior.

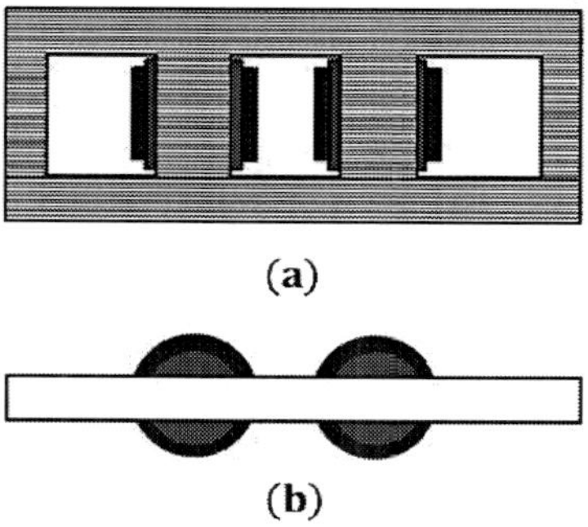

Figura 47 – Transformador monofásico de núcleo envolvente (*shell type*): (a) Corte transversal; (b) Vista superior.

A Figura 48 mostra o diagrama elétrico de um circuito equivalente de um transformador monofásico real simplificado em regime permanente com uma carga conectada no secundário.

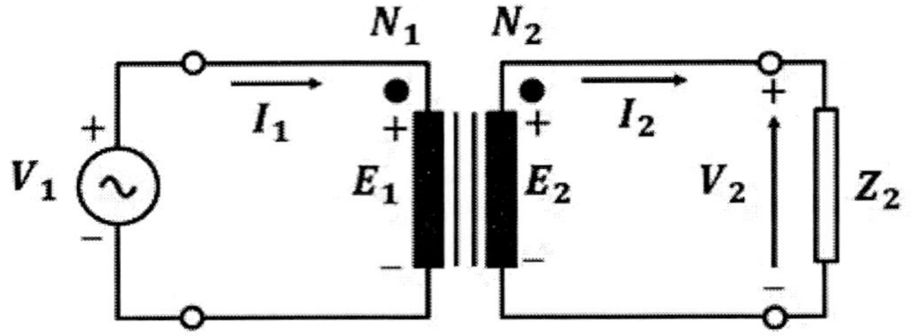

Figura 48 - Diagrama esquemático do circuito equivalente do transformador monofásico real simplificado em regime permanente com uma carga conectada no secundário.

A Figura 49 apresenta com detalhes o modelo do diagrama elétrico onde são mostrados todos os parâmetros intrínsecos do primário e secundário do circuito equivalente do transformador monofásico real em regime permanente alimentando a carga $\boldsymbol{Z_c}$.

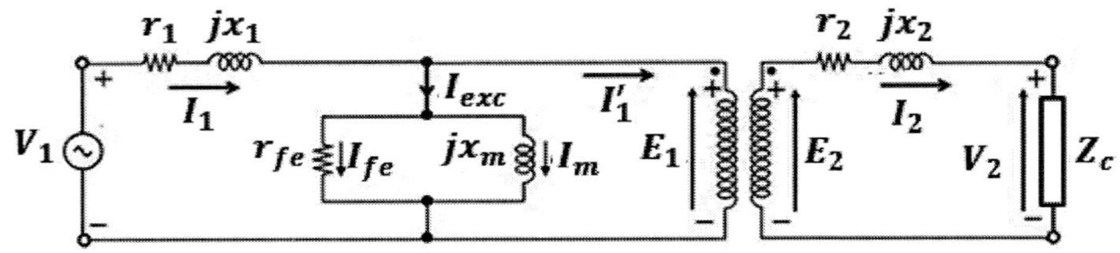

Figura 49 - Diagrama esquemático do transformador monofásico real com os parâmetros intrínsecos em regime permanente.

Onde:

$\boldsymbol{V_1}$: Tensão nos terminais de entrada do primário;

$\boldsymbol{V_2}$: Tensão nos terminais do secundário;

$\boldsymbol{E_1}$: Tensão induzida no enrolamento primário;

$\boldsymbol{E_2}$: Tensão induzida no enrolamento secundário;

$\boldsymbol{I_1}$: Corrente fornecida pela fonte;

$\boldsymbol{I_2}$: Corrente no secundário ou corrente que circula na carga;

$\boldsymbol{N_1}$: Número de espiras do enrolamento primário;

$\boldsymbol{N_2}$: Número de espiras do enrolamento secundário;

$\boldsymbol{r_1}$: Resistência do enrolamento primário;

$\boldsymbol{r_2}$: Resistência do enrolamento secundário;

$\boldsymbol{x_1}$: Reatância de dispersão do enrolamento primário;

$\boldsymbol{x_2}$: Reatância de dispersão do enrolamento secundário;

$\boldsymbol{r_{fe}}$: Resistência que representa as perdas do ferro do núcleo;

$\boldsymbol{x_m}$: Reatância de magnetização do ramo de excitação;

$\boldsymbol{I_{exc}}$: Corrente do componente primário de excitação;

$\boldsymbol{I_{fe}}$: Corrente na resistência do ramo de excitação;

$\boldsymbol{I_m}$: Corrente na reatância do ramo de excitação;

$\boldsymbol{I'_1}$: Corrente no enrolamento primário.

2.4.1. Transformador real com os parâmetros do secundário refletidos para o primário

Seja $\boldsymbol{Z_1}$ e $\boldsymbol{Z_2}$ as impedâncias vistas no primário e secundário do transformador respectivamente, operando em regime permanente. De (2.27), em módulo temos,

$$\boldsymbol{S_1} = \boldsymbol{S_2}$$

Portanto,

$$\boldsymbol{V_1 I_1} = \boldsymbol{V_2 I_2} \tag{2.29}$$

Por definição, as impedâncias vistas do primário e do secundário são,

$$\boldsymbol{Z_1} = \frac{\boldsymbol{V_1}}{\boldsymbol{I_1}} \tag{2.30}$$

$$\boldsymbol{Z_2} = \frac{\boldsymbol{V_2}}{\boldsymbol{I_2}} \tag{2.31}$$

Isolando as correntes em (2.30) e (2.31) e substituindo em (2.29), e rearranjando as equações resulta, $\boldsymbol{V_1}\frac{\boldsymbol{V_1}}{\boldsymbol{Z_1}} = \boldsymbol{V_2}\frac{\boldsymbol{V_2}}{\boldsymbol{Z_2}}$

$$\frac{(\boldsymbol{V_1})^2}{\boldsymbol{Z_1}} = \frac{(\boldsymbol{V_2})^2}{\boldsymbol{Z_2}}$$

$$\frac{(\boldsymbol{V_1})^2}{(\boldsymbol{V_2})^2} = \frac{\boldsymbol{Z_1}}{\boldsymbol{Z_2}}$$

$$\left(\frac{\boldsymbol{V_1}}{\boldsymbol{V_2}}\right)^2 = \frac{\boldsymbol{Z_1}}{\boldsymbol{Z_2}}$$

$$\left(\frac{\frac{N_1}{N_2}V_2}{V_2}\right)^2 = \frac{Z_1}{Z_2}$$

$$\left(\frac{N_1}{N_2}\right)^2 = \frac{Z_1}{Z_2} \tag{2.32}$$

Substituindo (2.10) em (2.32), temos:

$$\alpha^2 = \frac{Z_1}{Z_2} \tag{2.33}$$

Isolando $\boldsymbol{Z_1}$,

$$Z_1 = \alpha^2 Z_2 \tag{2.34}$$

Por definição $\boldsymbol{Z_2 = r_2 + jx_2}$. Substituindo em (2.34),

$$Z_1 = \alpha^2(r_2 + jx_2)$$

$$Z_1 = \alpha^2 r_2 + j\alpha^2 x_2 \tag{2.35}$$

Definindo a parte real e a imaginária de (2.35) por,

$$r_2' = \alpha^2 r_2 \tag{2.36}$$

$$x_2' = \alpha^2 x_2 \tag{2.37}$$

Temos então,

$$Z_2' = r_2' + jx_2' \tag{2.38}$$

Substituindo (2.36) e (2.37) em (2.38)(2.38), temos,

$$Z_2' = \alpha^2 r_2 + j\alpha^2 x_2$$

$$\boldsymbol{Z}_2' = \boldsymbol{\alpha}^2(\boldsymbol{r}_2 + \boldsymbol{j}\boldsymbol{x}_2)$$

$$\boldsymbol{Z}_2' = \boldsymbol{\alpha}^2\boldsymbol{Z}_2 \tag{2.39}$$

O primeiro membro da equação (2.39) refere-se à impedância do secundário referido ao primário, onde ela é calculada através do produto entre a relação de transformação elevado ao quadrado $\boldsymbol{\alpha}^2$ e a impedância do secundário $\boldsymbol{Z}_2$.

Comparando (2.34) com (2.39),

$$\boldsymbol{Z}_1 = \boldsymbol{Z}_2' \tag{2.40}$$

De (2.10) podemos definir a tensão do secundário refletido para o primário, ou seja,

$$\boldsymbol{V}_2' = \boldsymbol{\alpha}\boldsymbol{V}_2 \tag{2.41}$$

De (2.23) podemos definir a corrente do secundário refletido para o primário, então,

$$\boldsymbol{I}_2' = \frac{\boldsymbol{I}_2}{\boldsymbol{\alpha}} \tag{2.42}$$

De (2.39) temos que a impedância de carga $\boldsymbol{Z}_c$ refletida para primário pode ser determinada por,

$$\boldsymbol{Z}_c' = \boldsymbol{\alpha}^2\boldsymbol{Z}_c \tag{2.43}$$

A Figura 50 mostra os parâmetros do secundário, ou seja, a impedância interna $\boldsymbol{r}_2' + \boldsymbol{j}\boldsymbol{x}_2'$, a corrente $\boldsymbol{I}_2'$, a tensão $\boldsymbol{V}_2'$ e a impedância de carga $\boldsymbol{Z}_c'$ todos refletidos para o primário.

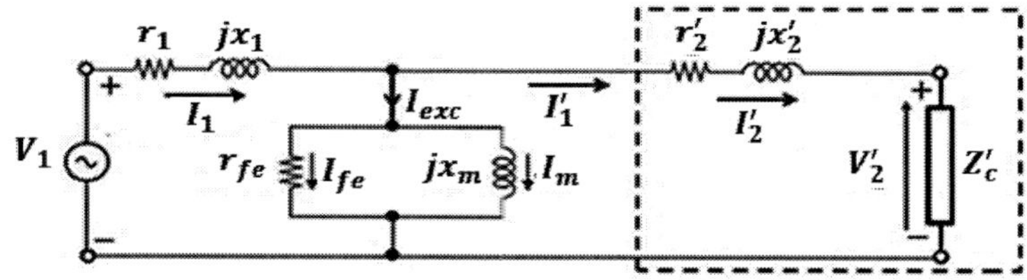

Figura 50 - Circuito equivalente do Trafo monofásico real simplificado com a tensão, corrente e impedâncias do secundário refletido para o primário.

Onde,

$$r'_2 = \alpha^2 r_2$$

$$x'_2 = \alpha^2 x_2$$

$$Z'_c = \alpha^2 Z_c$$

$$V'_2 = \alpha V_2$$

$$I'_2 = \frac{I_2}{\alpha}$$

A corrente primária I_1 é a soma da componente primária no ramo de excitação, I_{exc} e a corrente I'_1.

Nos transformadores de potência elevada, em regime permanente, e funcionando próximos dos valores nominais, a corrente do componente primário de excitação I_{exc} é insignificante e o ramo de excitação pode ser desconsiderado e o circuito da Figura 50 passa a ser conforme a Figura 51.

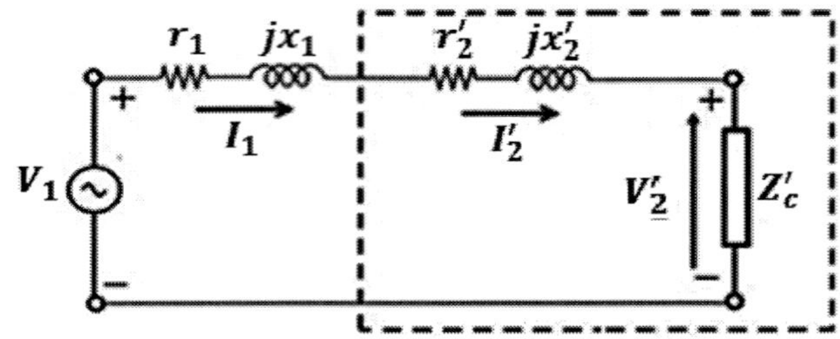

Figura 51 - Trafo monofásico real com os parâmetros do secundário refletidos para o primário desconsiderando o ramo de magnetização.

Definindo a soma das partes reais e imaginárias das impedâncias internas mostradas na Figura 51 por:

$$R_{equ\_1} = r_1 + r'_2 \tag{2.44}$$

$$X_{equ\_1} = x_1 + x'_2 \tag{2.45}$$

Portanto, o circuito da Figura 51 pode ser reduzido segundo a Figura 52.

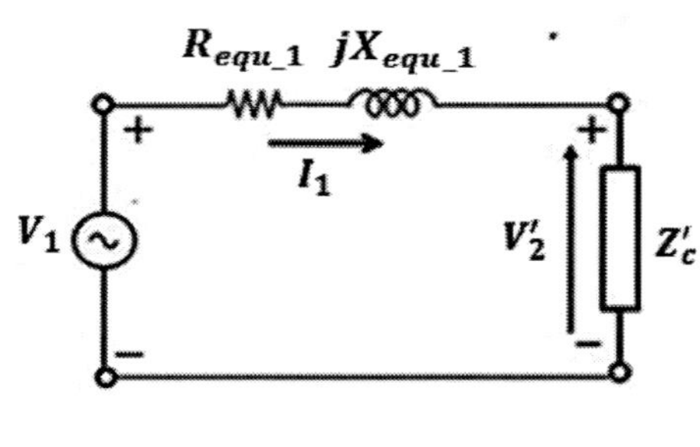

Figura 52 - Trafo monofásico real com os parâmetros equivalentes R_{equ_1} e X_{equ_1}.

Onde,

$\boldsymbol{R_{equ\_1}}$: Resistência equivalente referido ao primário do transformador;

X_{equ_1}: Reatância equivalente de dispersão referido ao primário do transformador.

2.4.2. Transformador real com parâmetros do primário refletidos para o secundário

Identicamente ao que foi feito no item **2.4.1**, temos:

$$\boldsymbol{Z_1} = \alpha^2 \boldsymbol{Z_2}$$

$$\boldsymbol{Z_2} = \frac{\boldsymbol{Z_1}}{\alpha^2} \tag{2.46}$$

Como $\boldsymbol{Z_1} = \boldsymbol{r_1} + \boldsymbol{jx_1}$ e substituindo em (2.46),

$$\boldsymbol{Z_2} = \frac{\boldsymbol{r_1} + \boldsymbol{jx_1}}{\alpha^2}$$

$$\boldsymbol{Z_2} = \frac{\boldsymbol{r_1}}{\alpha^2} + \boldsymbol{j}\frac{\boldsymbol{x_1}}{\alpha^2} \tag{2.47}$$

Definindo a parte real e imaginária de $\boldsymbol{Z_2}$ por:

$$\boldsymbol{r'_1} = \frac{\boldsymbol{r_1}}{\alpha^2} \tag{2.48}$$

$$\boldsymbol{x'_1} = \frac{\boldsymbol{x_1}}{\alpha^2} \tag{2.49}$$

Portanto,

$$\boldsymbol{Z'_1} = \boldsymbol{r'_1} + \boldsymbol{jx'_1} \tag{2.50}$$

Substituindo (2.48) e (2.49) em (2.50), temcs,

$$Z'_1 = \frac{r_1}{\alpha^2} + j\frac{x_1}{\alpha^2}$$

$$Z'_1 = \frac{1}{\alpha^2}(r_1 + jx_1)$$

$$Z'_1 = \frac{Z_1}{\alpha^2} \tag{2.51}$$

O primeiro membro da equação (2.51) refere-se à impedância do primário referido ao secundário. Seguindo o mesmo raciocínio para os parâmetros shunt temos,

$$r'_{fe} = \frac{r_{fe}}{\alpha^2} \tag{2.52}$$

$$x'_m = \frac{x_m}{\alpha^2} \tag{2.53}$$

Na Figura 53 temos o circuito real do transformador com os parâmetros do primário referidos para o secundário.

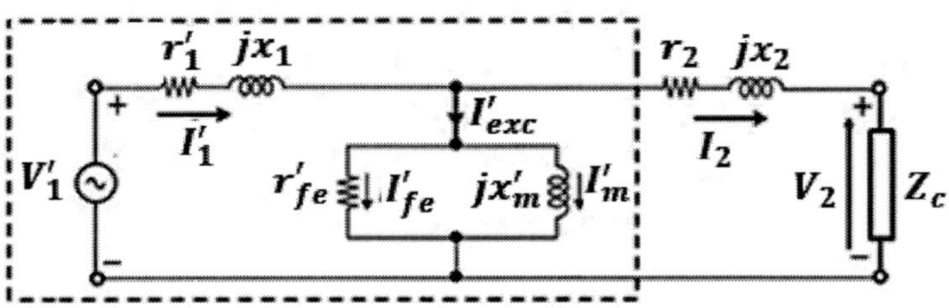

Figura 53 – Trafo monofásico real com os parâmetros do primário referidos para o secundário.

Como descrito anteriormente, nos transformadores de potência elevada em regime permanente, e funcionando próximos aos valores nominais, a corrente

I'_{exc} é insignificante e o ramo de excitação referido ao primário pode ser desconsiderado e o circuito passa a ser conforme a Figura 54.

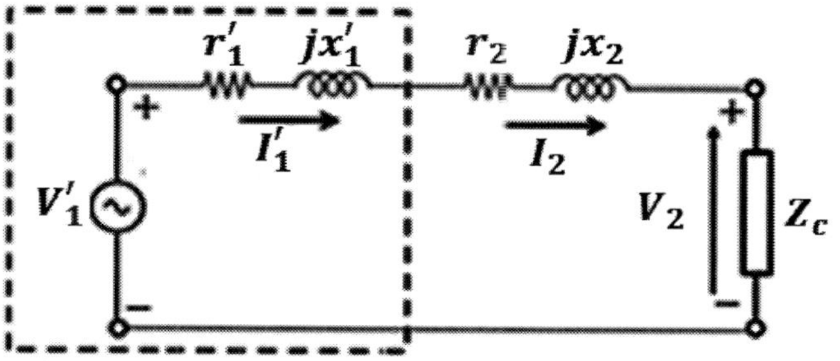

Figura 54 - Transformador monofásico real com os parâmetros do primário refletidos para o secundário desconsiderando o ramo de magnetização.

Onde,

$$r'_1 = \frac{r_1}{\alpha^2}$$

$$x'_1 = \frac{x_1}{\alpha^2}$$

$$I'_1 = \alpha I_1$$

$$V'_1 = \frac{V_1}{\alpha}$$

Definindo a soma das partes reais e imaginárias mostradas na Figura 54 por:

$$R_{equ\_2} = r'_1 + r_2 \qquad (2.54)$$

$$X_{equ\_2} = x'_1 + x_2 \qquad (2.55)$$

Onde,

R_{equ_2}: Resistência equivalente referido ao secundário do transformador;

X_{equ_2}: Reatância equivalente de dispersão referido ao secundário do transformador.

O circuito da Figura 54 pode ser reduzido para o da Figura 55.

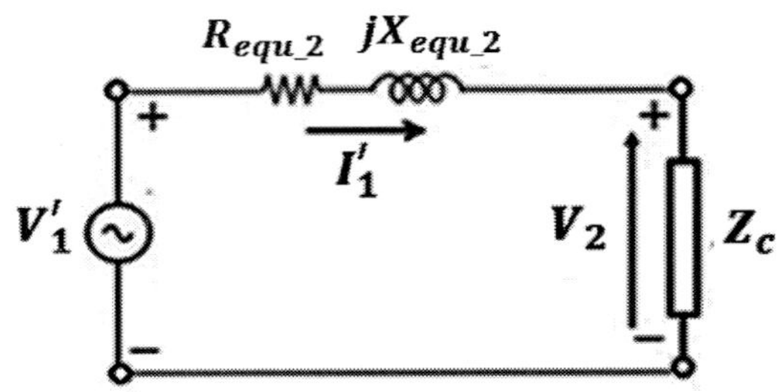

Figura 55 - Trafo monofásico real com os parâmetros equivalentes R_{equ_2} e X_{equ_2} .

2.4.3. Exemplo 2.2

Um gerador monofásico ideal de **13,8 kV – 60 Hz** está alimentando uma carga $\boldsymbol{Z_{carga} = 8 + j6\ \Omega}$ constante através de uma linha de transmissão com impedância $\boldsymbol{Z_{LT} = 0,15 + j0,22\ \Omega}$. Desprezar a reatância interna do gerador.

Pede-se:

a) O diagrama elétrico do sistema;

b) O fasor da corrente absorvida pela carga;

c) O fasor da tensão na carga e na linha de transmissão;

d) As perdas na linha de transmissão;

e) A potência aparente, ativa, reativa e o fator de potência da carga.

Solução:

a) O diagrama elétrico do sistema;

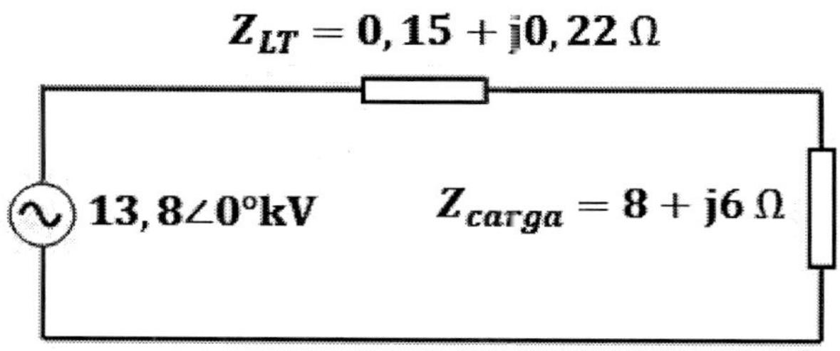

Figura 56 – Gerador monofásico alimentando uma carga constante. Exemplo 1.2.

b) O fasor da corrente absorvida pela carga;

$$\bar{I}_{carga} = \frac{\bar{V}_{gerador}}{(Z_{LT} + Z_{carga})} = \frac{13,8.10^3\angle 0°}{(0,15 + j0,22 + 8 + j6)}$$

$$\bar{I}_{carga} = \frac{13,8.10^3\angle 0°}{8,15 + j6,22} = \frac{13,8.10^3\angle 0°}{10,2524\angle 37,35°}$$

$$\bar{I}_{carga} = 1346\angle - 37,35°\ A$$

c) O fasor da tensão na carga e na linha de transmissão;

$$\bar{V}_{carga} = \left(\frac{Z_{carga}}{Z_{LT} + Z_{carga}}\right)\bar{V}_{gerador}$$

$$\bar{V}_{carga} = \left(\frac{8 + j6}{0,15 + j0,22 + 8 + j6}\right)(13,8.10^3\angle 0°)$$

$$\overline{V}_{carga} = \left(\frac{10\angle 36,9^\circ}{10,2524\angle 37,35^\circ}\right)(13,8.10^3\angle 0^\circ)$$

$$\overline{V}_{carga} = 13460,3\angle -0,5^\circ \text{ V}$$

$$\overline{V}_{gerador} = \overline{V}_{LT} + \overline{V}_{carga}$$

$$\overline{V}_{LT} = \overline{V}_{gerador} - \overline{V}_{carga} = (13,8.10^3\angle 0^\circ) - (13460,3\angle -0,5^\circ)$$

$$\overline{V}_{cabos} = 359,9\angle 19^\circ \text{ V} \cong 0,36\angle 19^\circ \text{ kV}$$

Ou calculando pelo divisor de tensão:

$$\overline{V}_{cabos} = \left(\frac{Z_{LT}}{Z_{LT} + Z_{carga}}\right)\overline{V}_{gerador}$$

$$\overline{V}_{cabos} = \left(\frac{0,15 + j0,22}{0,15 + j0,22 + 8 + j6}\right)(13,8.10^3\angle 0^\circ)$$

$$\overline{V}_{cabos} = \left(\frac{0,2663\angle 55,7^\circ}{10,2524\angle 37,35^\circ}\right)(13,8.10^3\angle 0^\circ) = 358,5\angle 18,4^\circ \text{ V}$$

$$\overline{V}_{cabos} \cong 0,36\angle 18,4^\circ \text{ kV}$$

d) As perdas na linha de transmissão;

$$P_{joule} = (I_{carga})^2 R_{cabos} = (1346)^2(0,15) = 271,8 \text{ kW}$$

e) A potência aparente, ativa, reativa e o fator de potência da carga.

$$\overline{S}_{carga} = \frac{(\overline{V}_{carga})^2}{(Z_{carga})^*} = \frac{(13460,3\angle -0,5^\circ)^2}{(10\angle 36,9^\circ)^*}$$

$$\overline{S}_{carga} = \frac{(13460,3\angle -0,5^\circ)^2}{10\angle -36,9^\circ} = 18,12\angle 35,9^\circ \text{ MVA}$$

$$P_{carga} = \overline{V}_{carga}\overline{I}_{carga}cos(35,9°)$$

$$P_{carga} = (13460,3\,)(1346)(0,81) = 14,7\text{ MW}$$

$$Q_{carga} = \overline{V}_{carga}\overline{I}_{carga}sen(35,9°)$$

$$Q_{carga} = (13460,3\,)(1346)(0,59) = 10,7\text{ MVAr}$$

$$\text{FP} = cos(35,9°) = 0,81$$

2.4.4. Exemplo 2.3

Supondo que seja inserido no sistema de potência do exemplo do item **2.4.3**, um transformador monofásico ideal com relação de espiras 1:5 entre o gerador e a extremidade inicial da linha de transmissão e outro transformador ideal com relação 5:1 entre a extremidade final da linha transmissão e a carga. Pede-se:

a) Apresente o novo circuito equivalente desta rede elétrica;
b) O novo fasor da corrente absorvida pela carga;
c) A nova tensão na carga e na linha de transmissão;
d) As novas perdas na linha de transmissão;
e) A nova potência aparente complexa, ativa e reativa na carga;
f) Faça uma comparação entre as perdas na linha de transmissão com relação ao resultado das perdas obtidas no exemplo do item **2.4.3**;
g) Faça uma comparação na tensão da carga com relação ao resultado obtido no exemplo do item **2.4.3**.

Solução:

a) Apresente o novo circuito equivalente desta rede elétrica;

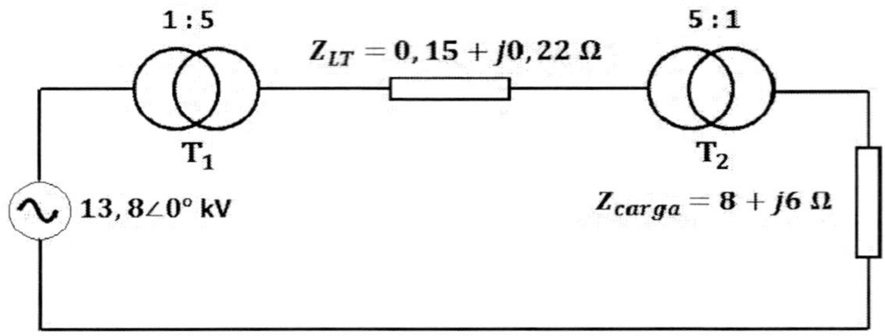

Figura 57 – Gerador monofásico alimentando uma carga constante com dois transformadores inseridos na rede elétrica.

b) O novo fasor da corrente absorvida pela carga;

Definindo as relações de transformações do **Trafo 1** e **Trafo 2**.

$$\alpha_1 = \frac{1}{5} = 0,2$$

$$\alpha_2 = \frac{5}{1} = 5$$

Refletindo a impedância da carga através de $\mathbf{T_2}$ ao nível de tensão da linha de transmissão:

$$Z'_{carga} = (\alpha_2)^2 Z_{carga} = (5)^2(8 + j6) = 200 + j150\ \Omega$$

$$Z_{equ} = Z_{cabos} + Z'_{carga} = (0,15 + j0,22) + (200 + j150)$$

$$Z_{equ} = 200,15 + \text{j}150,22\ \Omega$$

A Figura 58 (a) e (b) mostram a impedância da carga refletida ao nível de tensão da linha de transmissão e os circuitos equivalentes resultantes, respectivamente.

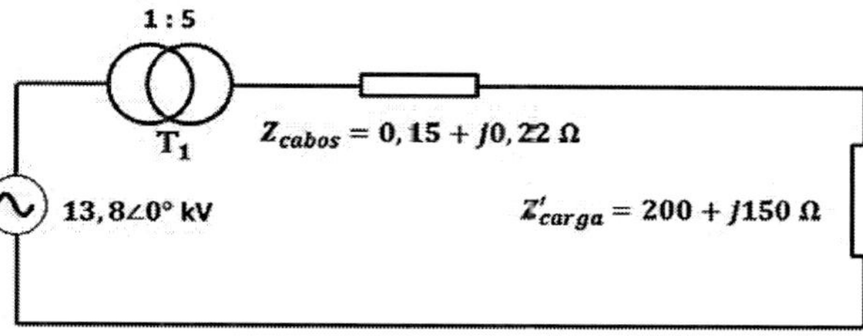

Figura 58 (a) – Impedância da carga refletida ao nível de tensão da LT (a).

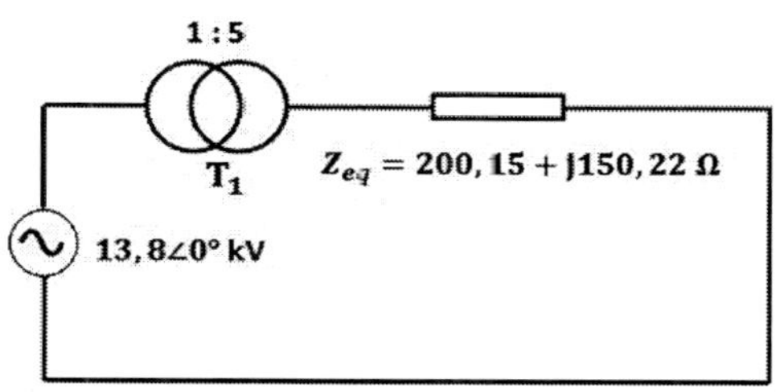

Figura 58 (b) – Circuito equivalente resultante (b).

Refletindo a impedância equivalente através de $\mathbf{T_1}$ ao nível de tensão do Gerador:

$$Z'_{equ} = (\alpha_1)^2 Z_{equ} = (0,2)^2(\mathbf{200,15 + j150,22})$$

$$Z'_{equ} = \mathbf{8,006 + j6,0088\ \Omega}$$

Na Figura 59 é mostrado o sistema com a carga e a linha de transmissão referida ao nível de tensão do gerador.

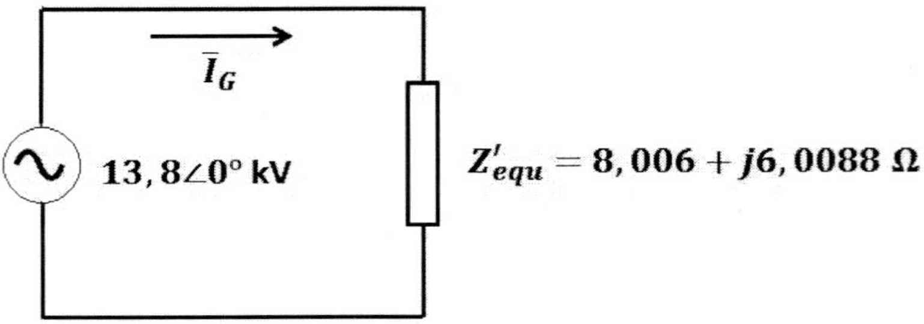

Figura 59 – Sistema com a carga e a linha de transmissão referida ao nível de tensão do gerador.

Cálculo da corrente do Gerador:

$$\overline{I}_G = \frac{\overline{V}_{gerador}}{Z'_{equ}} = \frac{13,8.10^3\angle 0°}{8,006 + j6,0088} = \frac{13,8.10^3\angle 0°}{10,01\angle 36,9°}$$

$$\overline{I}_G = 1378,6\angle -36,9°\ \text{A}$$

Cálculo da corrente na linha de transmissão:

$$\overline{I}'_{LT} = \frac{\overline{I}_G}{\alpha_1} = \frac{1378,6\angle -36,9°}{5} = 275,72\angle -36,9°\ \text{A}$$

Cálculo da corrente na carga:

$$\overline{I}'_{carga} = \alpha_2 \overline{I}'_{LT} = (5)(275,72\angle -36,9°) = 1378,6\angle -36,9°\ \text{A}$$

c) A nova tensão na carga e na linha de transmissão;

$$\overline{V}'_{carga} = \overline{I}'_{carga} Z_{carga}$$

$$\overline{V}'_{carga} = (1378,6\angle -36,9°)(10\angle 36,9°) = 13786\angle 0°\ \text{V}$$

d) As novas perdas na linha de transmissão;

$$\boldsymbol{P'_{joule} = (\bar{I}'_{LT})^2 R_{cabos} = (275,72)^2(0,15) = 11,4\ \text{kW}}$$

e) A nova potência aparente complexa, ativa e reativa na carga;

$$\boldsymbol{\bar{S}'_{carga} = \frac{(\bar{V}'_{carga})^2}{(Z_{carga})^*} = \frac{(13786\angle 0°)^2}{(10\angle 36,9°)^*} = \frac{(13786\angle 0°)^2}{10\angle -36,9°}}$$

$$\boldsymbol{\bar{S}'_{carga} = 19\angle 36,9°\ \text{MVA}}$$

$$\boldsymbol{P'_{carga} = V'_{carga} I'_{carga} cos\theta_c = (13786)(1378,6)cos(36,9°)}$$

$$\boldsymbol{P'_{carga} = (13786)(1378,6)(0,8) = 15,2\ \text{MW}}$$

$$\boldsymbol{Q'_{carga} = V'_{carga} I'_{carga} sen\theta_c = (13786)(1378,6)sen(36,9°)}$$

$$\boldsymbol{Q'_{carga} = (13786)(1378,6)(0,6) = 11,4\ \text{MVAr}}$$

f) Faça uma comparação entre as perdas na linha de transmissão com relação ao resultado das perdas obtidas no exemplo do item **2.4.3**;

$$\boldsymbol{\frac{P_{joules}}{P'_{joule}} = \frac{271,8}{11,4} = 23,84}$$

$$\boldsymbol{P'_{joule} = \frac{P_{joules}}{23,84}}$$

Percebe-se que houve uma significativa redução nas perdas em torno de 24 vezes com a inserção dos transformadores.

g) Faça uma comparação na tensão da carga com relação ao resultado obtido no exemplo do item **2.4.3**.

Comparando a tensão na carga, temos:

$$\frac{\boldsymbol{V'_{carga}}}{\boldsymbol{V_{carga}}} = \frac{\mathbf{13786}}{\mathbf{13460,3}} = \mathbf{1,024}$$

Ou seja, houve um acréscimo na tensão da carga em torno de **2,4%**.

2.4.5. Modelo do transformador real a partir da realização de dois tipos de ensaios: Ensaio de circuito aberto e Ensaio de curto-circuito

Os testes de ensaios de circuito aberto (a vazio) e de curto-circuito além de essenciais, eles têm como propósito principal determinar alguns parâmetros relevantes dos transformadores. No ensaio de circuito aberto são determinados os parâmetros do circuito relacionados ao ramo de excitação, ou seja, a resistência de perdas no ferro $\boldsymbol{r_{fe}}$ e a reatância de magnetização $\boldsymbol{x_m}$ e no de curto-circuito os parâmetros do circuito série relacionados aos enrolamentos, ou seja, a resistência equivalente dos enrolamentos $\boldsymbol{R_{equ}}$ e a reatância equivalente de dispersão $\boldsymbol{X_{equ}}$.

2.4.5.1. Ensaio de circuito aberto

O Ensaio de circuito aberto é executado quando se aplica em um dos lados do transformador, geralmente o lado de baixa, uma tensão com valor igual a sua tensão nominal, deixando os terminais do enrolamento de alta a vazio. Atentar que os terminais de alta tensão devem estar isolados e protegidos evitando o contato com pessoas, uma vez que a tensão nominal que é aplicada no lado de baixa, por indução surgirá uma alta tensão no lado de alta, e essa última tensão tem valor igual a sua tensão nominal. Na prática, é escolhido o lado de baixa dos transformadores devido a tensão a ser injetada ser bem menor em relação à tensão nominal do lado de alta, o que obviamente demandam-se instrumentos com tensões nominais menores e consequentemente de custos mais reduzidos. A metodologia deste ensaio é feita da seguinte maneira:

a) Com um varivolt inicialmente ajustado em zero, aumenta-se gradativamente a tensão nos terminais de baixa do transformador até a tensão que está sendo medida pelo voltímetro alcance o valor de sua tensão nominal;

b) Em seguida lê-se o valor da potência ativa lida pelo wattímetro e a corrente pelo amperímetro;

c) Com estes parâmetros medidos, calcula-se o módulo da resistência de perdas no ferro e da reatância de magnetização.

O Diagrama esquemático do transformador monofásico no ensaio a vazio é mostrado na Figura 60, juntamente com os medidores conectados para este ensaio. É considerado neste diagrama que o primário (lado esquerdo) é o lado de alta tensão, e o secundário (lado direito) o lado de baixa.

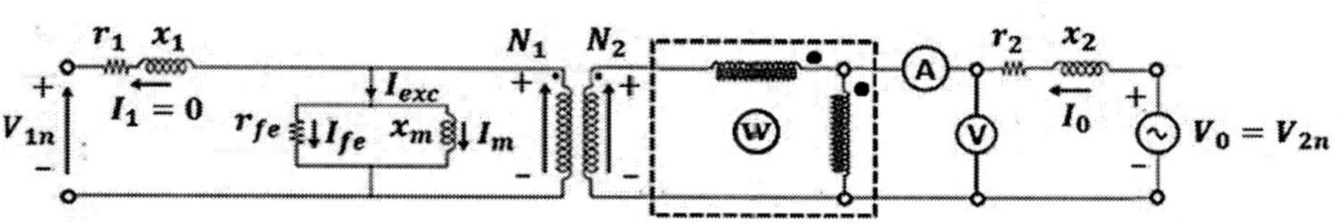

Figura 60 - Diagrama esquemático do transformador monofásico real no ensaio de circuito aberto.

Onde:

$V_0 = V_{2n}$: tensão nominal aplicada no lado de baixa do transformador com o lado de alta a vazio;

$\boldsymbol{I_0}$: corrente que circula no enrolamento de baixa do transformador;

$\boldsymbol{V_{1n}}$: tensão nominal que surge no lado de alta do transformador devido à tensão nominal aplicada no lado de baixa.

Neste teste, os parâmetros a serem determinados são $\boldsymbol{r_{fe}}$ e $\boldsymbol{x_m}$ e eles vão estar referidos ao lado de baixa do transformador. Denotaremos estes parâmetros refletidos como $\boldsymbol{r'_{fe}}$ e $\boldsymbol{x'_m}$ respectivamente.

Onde:

$\boldsymbol{r'_{fe}}$: resistência de perdas no ferro referido ao lado de baixa do transformador;

$\boldsymbol{x'_m}$: reatância de magnetização referida ao lado de baixa do transformador.

A Figura 61 mostra o ramo de magnetização referido para o lado de baixa tensão do transformador.

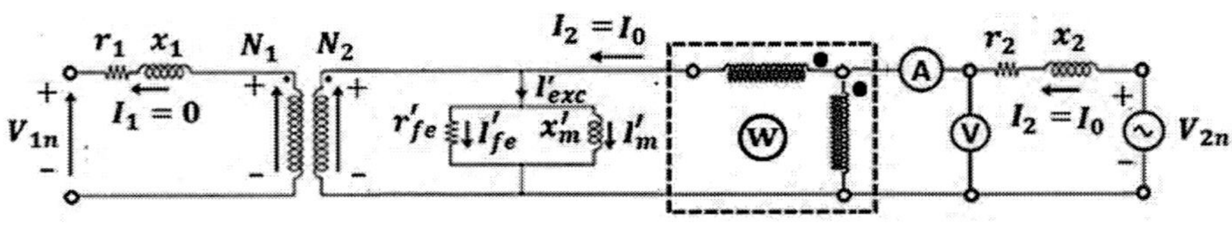

Figura 61 - Diagrama esquemático do transformador monofásico real no ensaio a vazio com o ramo de magnetização referido para o lado de baixa do transformador.

Neste ensaio, os parâmetros medidos pelos instrumentos são denotados por:

$$\boldsymbol{P_0} = \textbf{Potência ativa medida pelo wattímetro}$$

$$\boldsymbol{V_0} = \textbf{Tensão medida pelo voltímetro}$$

$$\boldsymbol{I_0} = \textbf{Corrente medida pelo amperímetro}$$

Onde:

$\boldsymbol{P_0}$: potência ativa no lado de baixa medida no ensaio de circuito aberto;

$\boldsymbol{V_0}$: tensão nominal aplicada no lado de baixa tensão medida no ensaio de circuito aberto;

$\boldsymbol{I_0}$: corrente que circula no enrolamento de baixa tensão medida no ensaio de circuito aberto.

Com o ramo de excitação referido para o lado de baixa tensão, a potência ativa $\boldsymbol{P_0}$ medida neste ensaio pelo wattímetro é devida a tensão nominal $\boldsymbol{V_0}$ (medição do voltímetro) aplicada no ramo da resistência que representa as perdas do ferro do núcleo e é calculada por (2.56). Logo, isolando a resistência de perdas do ferro referido para o lado de baixa temos $\boldsymbol{r'_{fe}}$ calculada por (2.57),

$$\boldsymbol{P_0} = \boldsymbol{r'_{fe}}\left(\boldsymbol{I'_{r_{fe}}}\right)^2 = \boldsymbol{r'_{fe}}\left(\frac{\boldsymbol{V_0}}{\boldsymbol{r'_{fe}}}\right)^2 = \boldsymbol{r'_{fe}}\frac{(\boldsymbol{V_0})^2}{\left(\boldsymbol{r'_{fe}}\right)^2} = \frac{(\boldsymbol{V_0})^2}{\boldsymbol{r'_{fe}}} \tag{2.56}$$

$$\boldsymbol{r'_{fe}} = \frac{(\boldsymbol{V_0})^2}{\boldsymbol{P_0}} \tag{2.57}$$

Da Figura 61, temos que a corrente de teste no ensaio a vazio $\boldsymbol{I_0}$ é formada pelas correntes do ramo de excitação referidas para o lado de baixa $\boldsymbol{I'_{r_{fe}}}$, que atravessa a resistência $\boldsymbol{r'_{fe}}$, e $\boldsymbol{I'_{x_m}}$ que circula pela reatância $\boldsymbol{x'_m}$. O valor de $\boldsymbol{I'_{exc}}$ é expresso pelas equações (2.58) e (2.59), ou seja,

$$(\boldsymbol{I'_{exc}})^2 = \left(\boldsymbol{I'_{r_{fe}}}\right)^2 + \left(\boldsymbol{I'_{x_m}}\right)^2 \tag{2.58}$$

$$\boldsymbol{I'_{exc}} = \sqrt{\left(\boldsymbol{I'_{r_{fe}}}\right)^2 + \left(\boldsymbol{I'_{x_m}}\right)^2} \tag{2.59}$$

Com o valor da resistência $\boldsymbol{r'_{fe}}$, calculada pela equação (2.57), pode-se determinar a corrente $\boldsymbol{I'_{r_{fe}}}$ através da equação (2.60),

$$\boldsymbol{I'_{r_{fe}}} = \frac{\boldsymbol{V_0}}{\boldsymbol{r'_{fe}}} \tag{2.60}$$

Isolando $\boldsymbol{I'_{x_m}}$ na equação (2.58) e como $\boldsymbol{I'_{exc}} = \boldsymbol{I_0}$ temos,

$$\left(\boldsymbol{I'_{x_m}}\right)^2 = (\boldsymbol{I_0})^2 - \left(\boldsymbol{I'_{r_{fe}}}\right)^2 \tag{2.61}$$

$$\boldsymbol{I'_{x_m}} = \sqrt{(\boldsymbol{I_0})^2 - \left(\boldsymbol{I'_{r_{fe}}}\right)^2} \tag{2.62}$$

Substituindo a equação (2.60) em (2.62) resulta,

$$\boldsymbol{I'_{x_m}} = \sqrt{(\boldsymbol{I_0})^2 - \left(\frac{\boldsymbol{V_0}}{\boldsymbol{r'_{fe}}}\right)^2} \tag{2.63}$$

Logo o valor da reatância pode ser calculado pela equação (2.64)

$$\boldsymbol{x'_m} = \frac{\boldsymbol{V_0}}{\boldsymbol{I'_{x_m}}} = \frac{\boldsymbol{V_0}}{\sqrt{(\boldsymbol{I_0})^2 - \left(\frac{\boldsymbol{V_0}}{\boldsymbol{r'_{fe}}}\right)^2}} \tag{2.64}$$

Referindo-se os parâmetros calculados $\boldsymbol{r'_{fe}}$ e $\boldsymbol{x'_m}$ de volta para o lado de alta temos,

$$\boldsymbol{r_{fe}} = \boldsymbol{\alpha^2 r'_{fe}} \tag{2.65}$$

$$x_m = \alpha^2 x'_m \tag{2.66}$$

Outra maneira de obter estes parâmetros é considerando o ramo de excitação da Figura 61 como sendo uma admitância. Neste caso específico a equação da admitância deste ramo referido para o secundário é dada por,

$$y'_\varphi = g'_{fe} - jb'_m \tag{2.67}$$

Onde

g'_{fe} é a condutância do ramo de magnetização sendo definido por,

$$g'_{fe} = \frac{1}{r'_{fe}} \tag{2.68}$$

b'_m é a susceptância do ramo de magnetização sendo definido por,

$$b'_m = \frac{1}{x'_m} \tag{2.69}$$

Com os dados das medições da corrente e tensão obtida no ensaio a vazio pode-se calcular a admitância referida ao secundário, ou seja,

$$y'_\varphi = \frac{I_0}{V_0} \tag{2.70}$$

Calcula-se o fator de potência necessário para determinar a fase do fasor da admitância,

$$cos\theta = \frac{P_0}{V_0 I_0} \tag{2.71}$$

Portanto, o fasor da admitância,

$$y'_{\varphi} = \frac{I_0}{V_0}\angle\theta \tag{2.72}$$

Onde,

$$\theta = arc(cos\theta)$$

Convertendo para a forma retangular,

$$y'_{\varphi} = \frac{I_0}{V_0}cos\theta - j\frac{I_0}{V_0}sen\theta \tag{2.73}$$

A partir da equação (2.67) tem-se que a condutância é calculada por,

$$g'_{fe} = \frac{I_0}{V_0}cos\theta \tag{2.74}$$

e a susceptância por,

$$b'_m = \frac{I_0}{V_0}sen\theta \tag{2.75}$$

Com esses dados obtemos a resistência e reatância do ramo de magnetização referido ao secundário, ou seja,

$$r'_{fe} = \frac{1}{g'_{fe}} \tag{2.76}$$

$$x'_m = \frac{1}{b'_m} \tag{2.77}$$

2.4.5.2. Ensaio de curto-circuito

O ensaio de teste de curto-circuito é efetuado alimentando um dos lados do transformador, geralmente o lado de alta tensão, e curto-circuitado os terminais do lado de baixa, de forma que a corrente que circula no lado de alta onde está sendo aplicada a tensão, seja igual a sua corrente nominal. Para exemplificar este ensaio será usado o circuito simplificado da Figura 52. O Diagrama esquemático do transformador monofásico no ensaio de curto-circuito é mostrado na Figura 62.

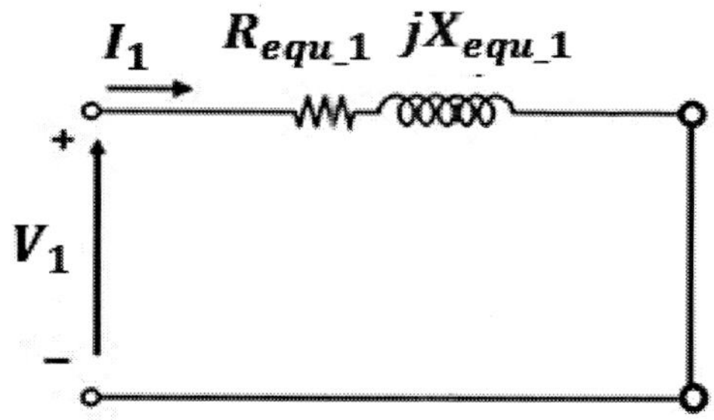

Figura 62 - Diagrama esquemático do modelo do transformador monofásico real simplificado no ensaio de curto-circuito.

Não esquecendo que,

R_{equ_1}: Resistência equivalente referida ao lado de alta do transformador;

X_{equ_1}: Reatância equivalente referida ao lado de alta do transformador;

$Z_{equ\_1} = R_{equ\_1} + jX_{equ\_1}$: Impedância equivalente referida ao lado de alta do transformador.

Analisando a Figura 62 verifica-se que toda a tensão $\boldsymbol{V_1}$ é a própria queda de tensão sobre a impedância $\boldsymbol{Z_{equ\_1}}$. Então,

$$\boldsymbol{V_1} = \boldsymbol{I_1 Z_{equ\_1}} \tag{2.78}$$

Logo,

$$\boldsymbol{Z_{equ\_1}} = \frac{\boldsymbol{V_1}}{\boldsymbol{I_1}} \tag{2.79}$$

A potência ativa na resistência equivalente é dada por,

$$\boldsymbol{P_1} = \boldsymbol{R_{equ\_1}}(\boldsymbol{I_1})^2 \tag{2.80}$$

Isolando a resistência equivalente,

$$\boldsymbol{R_{equ\_1}} = \frac{\boldsymbol{P_1}}{(\boldsymbol{I_1})^2} \tag{2.1}$$

A potência reativa na reatância equivalente é dada por,

$$\boldsymbol{Q_1} = \boldsymbol{X_{equ\_1}}(\boldsymbol{I_1})^2 \tag{2.82}$$

Isolando a reatância equivalente,

$$\boldsymbol{X_{equ\_1}} = \frac{\boldsymbol{Q_1}}{(\boldsymbol{I_1})^2} \tag{2.83}$$

Analisando-se as equações de (2.78) a (2.83) conclui-se que se forem instalados medidores de tensão, corrente e de potência apropriadamente no circuito, consegue-se determinar os parâmetros $\boldsymbol{Z_{equ\_1}}$, $\boldsymbol{R_{equ\_1}}$ e $\boldsymbol{X_{equ\_1}}$.

A Figura 63 mostra simplificadamente a distribuição dos instrumentos instalados para medições no ensaio de curto-circuito do transformador monofásico real.

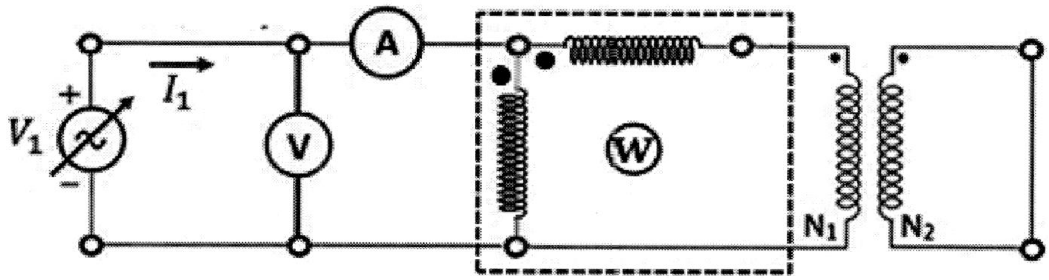

Figura 63 - Diagrama esquemático da disposição dos instrumentos instalados no ensaio de curto-circuito.

Neste ensaio, alguns parâmetros são medidos e denotados pelo subscrito "**cc**" em referência ao ensaio de curto-circuito. São eles:

$\boldsymbol{V_{cc}}$: tensão aplicada no enrolamento de lado de alta tensão com o enrolamento no lado de baixa curto-circuitado;

$\boldsymbol{I_{cc}}$: corrente nominal que circula no enrolamento de alta tensão e medida pelo amperímetro com o enrolamento no lado de baixa curto-circuitado;

$\boldsymbol{P_{cc}}$: potência ativa medida no lado de alta tensão pelo wattímetro com o enrolamento no lado de baixa curto-circuitado.

A metodologia deste ensaio é feita da seguinte maneira:

a) Com um varivolt inicialmente ajustado em zero, aumenta-se gradativamente a tensão nos terminais de alta tensão do Trafo até a corrente que está sendo medida pelo amperímetro atinja o valor de sua corrente nominal;

b) Em seguida lê-se o valor da potência ativa lida pelo wattímetro, $\boldsymbol{P_{cc}}$ e a tensão pelo voltímetro, $\boldsymbol{V_{cc}}$;

c) Diante destes parâmetros medidos, calcula-se o módulo da impedância, da resistência e da reatância interna equivalente através das seguintes equações:

$$Z_{equ\_1} = \frac{V_{cc}}{I_{cc}} \tag{2.2}$$

$$R_{equ\_1} = \frac{P_{cc}}{(I_{cc})^2} \tag{2.3}$$

$$X_{equ\_1} = \sqrt{\left(Z_{equ\_1}\right)^2 - \left(R_{equ\_1}\right)^2} \tag{2.86}$$

No item **2.4.6** é ilustrado um exemplo onde serão calculados os parâmetros do transformador a partir dos dados do ensaio a vazio e de curto-circuito.

2.4.6. Exemplo 2.4

Um transformador abaixador monofásico de **37,5kVA/7,9kV/220V – Z = 3,5%** foi submetido aos ensaios a vazio e de curto-circuito. O ensaio a vazio foi feito alimentando o lado do enrolamento de baixa tensão. Os dados medidos pelos instrumentos estão descritos na tabela abaixo.

Ensaio a vazio			Ensaio de curto-circuito		
V_0	P_0	I_0	V_{cc}	P_{cc}	I_{cc}

220 V	160 W	1,8 A	199 V	374 W	4,7 A

Tabela 1 – Dados dos ensaios a vazio e de curto-circuito do Exemplo 2.4.

Pede-se:

a) Calcule todos os parâmetros do ensaio a vazio e de curto-circuito do referido transformador;

b) Apresente os circuitos equivalentes com todos os parâmetros calculados no item anterior referido ao lado de alta;

c) Repita o item (b) agora para o lado de baixa tensão.

Solução:

a) Calcule todos os parâmetros do ensaio a vazio e de curto-circuito do referido transformador;

Ensaio a vazio:

Calculando r'_{fe} e x'_m referidos ao lado de baixa tensão do transformador. De (2.57) e (2.64) temos,

$$r'_{fe} = \frac{(V_0)^2}{P_0} = \frac{(220)^2}{160} = 302,5\ \Omega$$

$$x'_m = \frac{V_0}{\sqrt{(I_0)^2 - \left(\frac{V_0}{r'_{fe}}\right)^2}} = \frac{220}{\sqrt{(1,8)^2 - \left(\frac{220}{302,5}\right)^2}} = 133,6\ \Omega$$

Referindo ambos os parâmetros para o lado de alta, equações (2.65) e (2.66):

$$r_{fe} = \alpha^2 r'_{fe} = \left(\frac{7967}{220}\right)^2 (302,5) = 396,7\text{k}\Omega$$

$$x_m = \alpha^2 x'_m = \left(\frac{7967}{220}\right)^2 (133,6) = 175,2\ \text{k}\Omega$$

Da outra maneira, temos:

$$y'_\varphi = \frac{I_0}{V_0} = \frac{1,8}{220} = 0,00818\ S$$

$$cos\theta = \frac{P_0}{V_0 I_0} = \frac{160}{(220)(1,8)} = 0,4$$

$$\theta = \arccos(0,4) = 66,4^\circ$$

$$y'_\varphi = y'_\varphi \angle \theta = 0,00818\angle 66,4^\circ\ S$$

$$g'_{fe} = \frac{I_0}{V_0} cos\theta = 0,00818 cos(66,4^\circ) = 0,00327\ S$$

$$b'_m = \frac{I_0}{V_0} sen\theta = 0,00818 sen(66,4^\circ) = 0,00750\ S$$

$$r'_{fe} = \frac{1}{g'_{fe}} = \frac{1}{0,00327} = 305,8\ \Omega$$

$$x'_m = \frac{1}{b'_m} = \frac{1}{0,00750} = 133,3\ \Omega$$

$$r_{fe} = \alpha^2 r'_{fe} = \left(\frac{7967}{220}\right)^2 (305,8) = 401\ \text{k}\Omega$$

$$x_m = \alpha^2 x'_m = \left(\frac{7967}{220}\right)^2 (133,3) = 174,8\ \text{k}\Omega$$

2.4.7. Ensaio de curto-circuito:

Cálculo do módulo da impedância equivalente referido ao primário.

$$Z_{equ\_1} = \frac{V_{cc}}{I_{cc}} = \frac{199}{4,7} = 42,34\ \Omega$$

Cálculo do módulo da resistência equivalente referido ao primário.

$$R_{equ\_1} = \frac{P_{cc}}{(I_{cc})^2} = \frac{374}{(4,7)^2} = 16,93\ \Omega$$

Cálculo do módulo da reatância equivalente referido ao primário.

$$X_{equ\_1} = \sqrt{\left(Z_{equ\_1}\right)^2 - \left(R_{equ\_1}\right)^2} = \sqrt{(42,34)^2 - (16,93)^2} = 38,81\Omega$$

b) Apresente os circuitos equivalentes com todos os parâmetros calculados no item anterior referido ao lado de alta;

R_{equ_1} , X_{equ_1}, r_{fe} e x_m calculados anteriormente já estão referidos no lado de alta. Logo, temos o circuito da Figura 64.

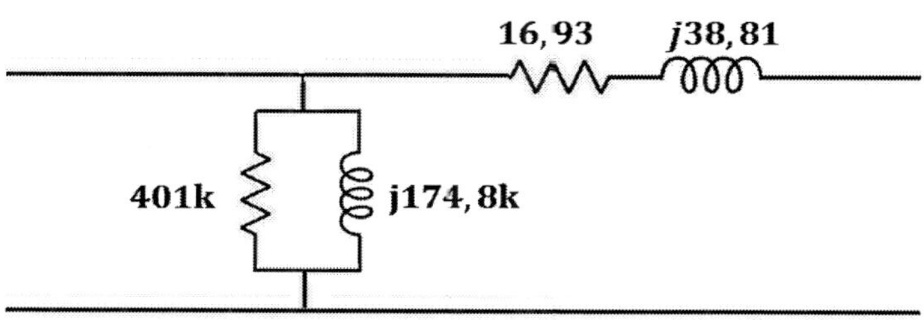

Figura 64 - Circuito equivalente do transformador com parâmetros em Ω referido ao primário.

c) Repita o item (b) agora para o lado de baixa tensão.

r'_{fe} e x'_m já estão referidos ao secundário.

Cálculo da resistência equivalente do primário referido ao secundário

$$R_{equ\_2} = \frac{R_{equ\_1}}{\alpha^2} = \frac{16,93}{\left(\frac{7967}{220}\right)^2} = 0,0129\ \Omega$$

Cálculo da reatância equivalente do primário referido ao secundário

$$X_{equ\_2} = \frac{X_{equ\_1}}{\alpha^2} = \frac{38,81}{\left(\frac{7967}{220}\right)^2} = 0,0296\ \Omega$$

A Figura mostra os parâmetros referidos ao secundário.

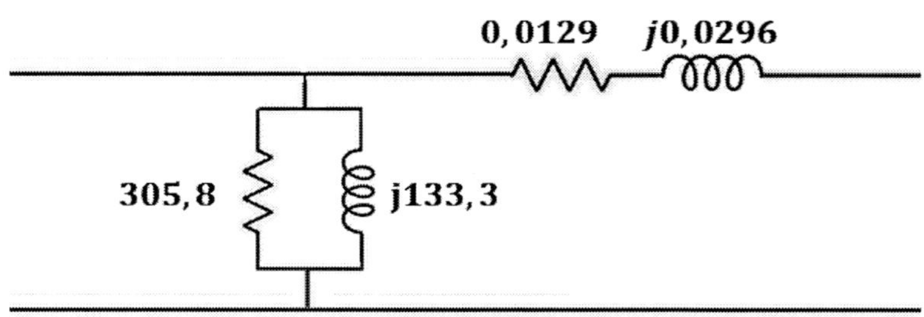

Figura 65 - Circuito equivalente do transformador com parâmetros em Ω referido ao secundário.

2.4.8. Exemplo 2.5

Um Trafo monofásico de potência **1,5MVA, 7967V/254V, 60Hz**, Figura 66, está alimentando uma carga constante em regime permanente. Ela está absorvendo **1,1MW** de potência ativa, com fator de potência **0,8** indutivo, e tensão nominal de **254V**. Considere a fase de referência da tensão na carga **0°**. A seguir são listados os parâmetros intrínsecos do Trafo:

$$z_1 = \mathbf{0,15 + j2,33}\ \Omega$$

$$z_2 = \mathbf{0,00015 + j0,0023}\ \Omega$$

$$z_\varphi = \mathbf{47618 + j60949}\ \Omega$$

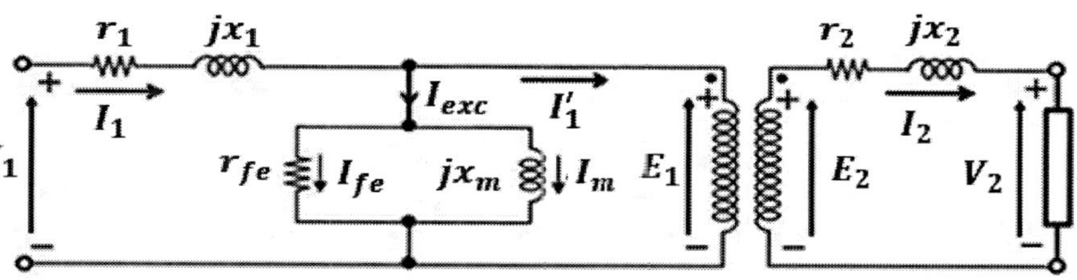

Figura 66 - Diagrama elétrico do circuito equivalente do transformador monofásico real com a impedância de magnetização sendo considerada.

Pede-se:

a) A potência aparente complexa e a potência reativa na carga;
b) A corrente absorvida pela carga;
c) A queda de tensão na impedância interna do lado de baixa tensão;
d) A tensão induzida no secundário e no primário do Trafo;
e) A corrente que circula no enrolamento primário do Trafo;
f) As correntes no ramo de excitação do Trafo;
g) A corrente fornecida pela fonte;
h) A queda de tensão na impedância interna do lado de alta tensão;
i) A tensão fornecida pela fonte para manter a tensão na carga igual a sua tensão nominal;
j) A Potência aparente, ativa e reativa fornecida pela fonte.

Solução

a) A potência aparente complexa e a potência reativa na carga;

$$S_C = \frac{P_C}{FP} = \frac{1,1.10^6}{0,8} = 1,375 \text{ MVA}$$

$$FP = cos\theta = 0,8$$

$$\overline{S}_c = 1,375.10^6 \angle arcos(0,8) = 1,375\angle 36,9^\circ \text{ MVA}$$

$$Q_L = S_L sen(36,9^\circ) = 1,375.10^6(0,6) = 0,825\text{MVAr}$$

b) A corrente absorvida pela carga;

$$\overline{S}_{carga} = \overline{V}_{nom}(\overline{I}_2)^*$$

$$(\overline{I}_2)^* = \frac{\overline{S}_{carga}}{\overline{V}_{nom}}$$

$$\overline{I}_2 = \left(\frac{\overline{S}_{carga}}{\overline{V}_{nom}}\right)^* = \left(\frac{1,375.10^6\angle 36,9^\circ}{254\angle 0^\circ}\right)^* = \frac{1,375.10^6\angle -36,9^\circ}{254\angle 0^\circ}$$

$$\overline{I}_2 = 5413,4\angle -36,9^\circ \text{ A}$$

c) A queda de tensão na impedância interna do lado de baixa tensão;

$$\Delta\overline{v}_2 = z_2\overline{I}_2 = (0,00015 + j0,0023\ )(5413,4\angle -36,9^\circ)$$

$$\Delta\overline{v}_2 = (0,0023\angle 86,3^\circ)(5413,4\angle -36,9^\circ)$$

$$\Delta\overline{v}_2 = 12,45\angle 49,4^\circ \text{ V}$$

d) A tensão induzida no secundário e no primário do Trafo;

$$\overline{E}_2 = \Delta\overline{v}_2 + \overline{V}_{nom}$$

$$\overline{E}_2 = (12,45\angle 49,4°) + (254\angle 0°)$$

$$\overline{E}_2 = 262,3\angle 2,1° \text{ V}$$

$$\alpha = \frac{V_1}{V_2} = \frac{7967}{254} = 31,4$$

$$\alpha = \frac{\overline{E}_1}{\overline{E}_2}$$

$$\overline{E}_1 = \alpha\overline{E}_2 = (31,4)(262,3\angle 2,1°) = 8236,2\angle 2,1° \text{ V}$$

e) A corrente que circula no enrolamento primário do Trafo;

$$\alpha = \frac{I_2}{\overline{I}'_1}$$

$$\overline{I}'_1 = \frac{I_2}{a} = \frac{5413,4\angle -36,9°}{31,4} = 172,4\angle -36,9° \text{ A}$$

f) As correntes no ramo de excitação do Trafo;

$$\overline{I}_m = \frac{\overline{E}_1}{x_m} = \frac{8236,2\angle 2,1°}{j60949} = \frac{8236,2\angle 2,1°}{60949\angle 90°}$$

$$\overline{I}_m = 0,135\angle -87,9° \text{ A}$$

$$\overline{I}_{fe} = \frac{\overline{E}_1}{r_{fe}} = \frac{8236,2\angle 2,1°}{47618} = 0,17\angle 2,1° \text{ A}$$

$$\overline{I}_{exc} = \overline{I}_{fe} + \overline{I}_m = (0,17\angle 2,1°) + (0,135\angle -87,9°)$$

$$\overline{I}_{exc} = 0,22\angle -36,4° \text{ A}$$

g) A corrente fornecida pela fonte;

$$\overline{I}_1 = \overline{I}_{exc} + \overline{I}'_1 = (0,22\angle -36,4°) + (172,4\angle -36,9°)$$

$$\overline{I}_1 = 172,6\angle -36,9° \text{ A}$$

h) A queda de tensão na impedância interna do lado de alta tensão;

$$\Delta\overline{v}_1 = z_1\overline{I}_1 = (0,15 + j2,3)(172,6\angle -36,9°)$$

$$\Delta\overline{v}_1 = z_1\overline{I}_1 = (2,3\angle 86,3°)(172,6\angle -36,9°)$$

$$\Delta\overline{v}_1 = 397\angle 49,4° \text{ V}$$

i) A tensão fornecida pela fonte para manter a tensão na carga igual a sua tensão nominal;

$$\overline{V}_1 = \Delta\overline{v}_1 + \overline{E}_1$$

$$\overline{V}_1 = 397\angle 49,4° + 8236,2\angle 2,1°$$

$$\overline{V}_1 = 8510,4\angle 4,1° \text{ V}$$

j) A Potência aparente, ativa e reativa fornecida pela fonte.

$$\overline{S}_{fonte} = \overline{V}_1(\overline{I}_1)^*$$

$$\overline{S}_{fonte} = (8510,4\angle 4,1°)(172,4\angle -36,9°)^*$$

$$\overline{S}_{fonte} = (8510,4\angle 4,1°)(172,4\angle 36,9°)$$

$$S_{fonte} = 1,5\angle 41° \text{ MVA}$$

$$P_{fonte} = S_{fonte}\cos(41°) = (1,5.10^6)(0,75) = 1,125 \text{ MW}$$

$$Q_{fonte} = S_{fonte}\,\text{sen}(41°) = (1,5.10^6)(0,66) = 0,99 \text{ MVAr}$$

2.5. Regulação de tensão de um transformador

A regulação de tensão de um transformador é definida como sendo uma grandeza que mensura a variação da tensão nos terminais de saída, quando este sai do estado a vazio para o regime em carga. Matematicamente a regulação de tensão é calculada por,

$$\boldsymbol{R} = \frac{\boldsymbol{E_2} - \boldsymbol{V_2}}{\boldsymbol{V_2}}.\,\mathbf{100}\% \qquad (2.87)$$

Onde,

$\boldsymbol{E_2}$: Tensão induzida no enrolamento secundário com o transformador a vazio. O cálculo de $\boldsymbol{E_2}$ será demonstrado a seguir;

$\boldsymbol{V_2}$: Tensão nos terminais do secundário com carga nominal acoplada.

Com o ramo de magnetização sendo desprezado é possível obter de forma simplificada o diagrama fasorial do transformador para diversas condições de carregamento no secundário, ou seja, carga acoplada com fator de potência unitário, em atraso e em avanço. Será feito o estudo para os três casos de carregamento supracitados.

2.5.1. Carga acoplada com fator de potência unitário

Seja o modelo do transformador da Figura 67 com todos os valores refletidos para o secundário e com uma carga acoplada com fator de potência unitário.

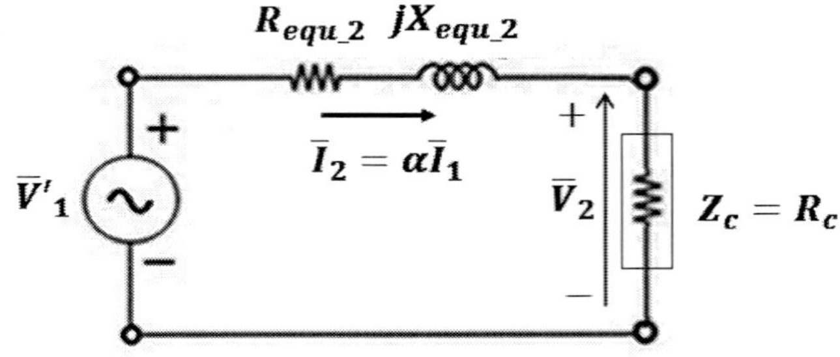

Figura 67 – Transformador com carga acoplada com fator de potência unitário.

A Figura 68 mostra o diagrama fasorial do transformador. Nesta condição de carregamento, observe que a corrente $\overline{\boldsymbol{I}}_2$ está em fase com a tensão $\overline{\boldsymbol{V}}_2$. A diferença fasorial entre a tensão refletida $\overline{\boldsymbol{V}}'_1$ e a tensão $\overline{\boldsymbol{V}}_2$ é a queda de tensão na impedância equivalente $\boldsymbol{Z}_{equ\_2} = \boldsymbol{R}_{equ\_2} + j\boldsymbol{X}_{equ\_2}$, ou seja, $\overline{\boldsymbol{I}}_2\boldsymbol{Z}_{equ\_2}$. A componente da queda de tensão na reatância equivalente $\overline{\boldsymbol{I}}_2\boldsymbol{X}_{equ\_2}$ está em quadratura com a queda de tensão na resistência $\overline{\boldsymbol{I}}_2\boldsymbol{R}_{equ\_2}$ como era de se esperar.

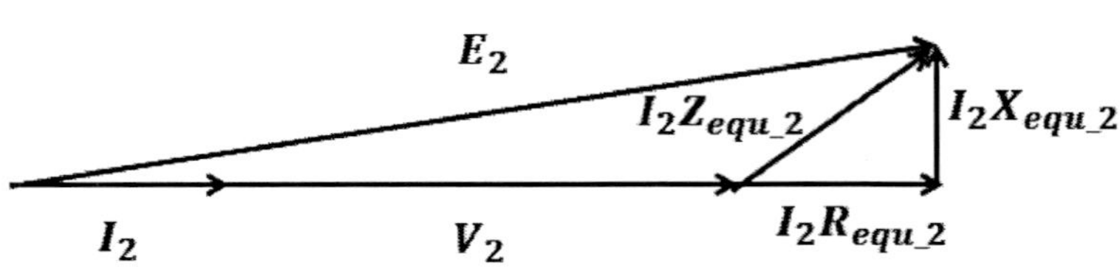

Figura 68 – Diagrama fasorial do transformador com carga acoplada com fator de potência unitário.

A partir da Figura 68 temos que o fasor da tensão induzida $\overline{\boldsymbol{E}}_2$ é calculado a partir da equação complexa abaixo.

$$\overline{E}_2 = \left(V_2 + I_2 R_{equ\_2}\right) + j\left(I_2 X_{equ\_2}\right) \tag{2.88}$$

2.5.2. Carga acoplada com fator de potência em atraso

Na Figura 69 temos o modelo do transformador com todos os valores refletidos para o secundário e com uma carga acoplada no secundário com fator de potência em atraso.

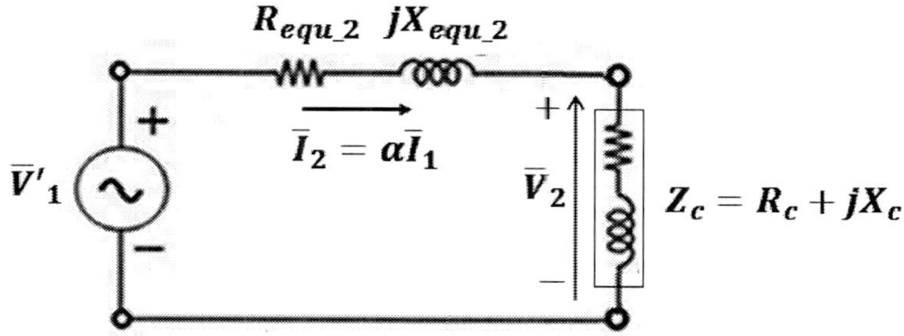

Figura 69 – Transformador com carga acoplada com fator de potência em atraso.

Na Figura 70 temos o diagrama fasorial do transformador com carga acoplada com fator de potência em atraso. Nota-se que a corrente I_2 está atrasada de V_2 de um ângulo θ_2. A diferença fasorial entre a tensão refletida V'_1 e a tensão V_2 é a queda de tensão na impedância equivalente dada por $I_2 Z_{equ\_2}$.

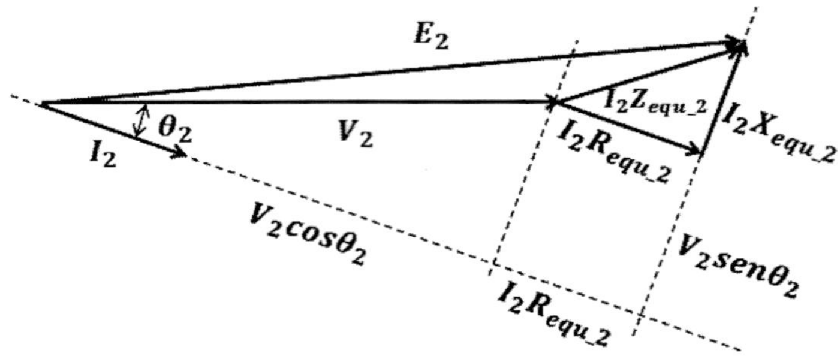

Figura 70 – Diagrama fasorial do transformador com carga acoplada com fator de potência em atraso.

Observe na Figura 70 que a projeção da componente real da tensão $\boldsymbol{V_2}$ é $\boldsymbol{V_2 cos\theta_2}$ e da componente imaginária $\boldsymbol{V_2 sen\theta_2}$. Portanto, a projeção da componente real da tensão $\boldsymbol{E_2}$ é igual a $\left(\boldsymbol{V_2 cos\theta_2 + I_2 R_{equ\_2}}\right)$ e a projeção da componente imaginária é igual a $\left(\boldsymbol{V_2 sen\theta_2 + I_2 X_{equ\_2}}\right)$. Logo,

$$\boldsymbol{\overline{E}_2 = \left(V_2 cos\theta_2 + I_2 R_{equ\_2}\right) + j\left(V_2 sen\theta_2 + I_2 X_{equ\_2}\right)} \qquad (2.89)$$

2.5.3. Carga acoplada com fator de potência em avanço

Na Figura 71 temos o modelo do transformador com todos os valores refletidos para o secundário e com uma carga acoplada com fator de potência em avanço.

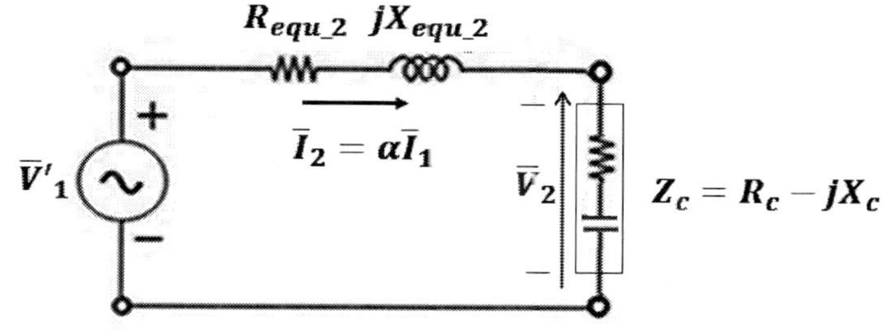

Figura 71 – Transformador com carga acoplada com fator de potência em avanço.

Na Figura 72 temos o diagrama fasorial do transformador com carga acoplada com fator de potência em avanço. Nota-se que a corrente $\boldsymbol{I_2}$ está adiantada de $\boldsymbol{V_2}$ de um ângulo $\boldsymbol{\theta_2}$. A diferença fasorial entre a tensão refletida $\boldsymbol{V'_1}$ e a tensão $\boldsymbol{V_2}$ é a queda de tensão na impedância equivalente, ou seja, $\boldsymbol{I_2 Z_{equ\_2}}$.

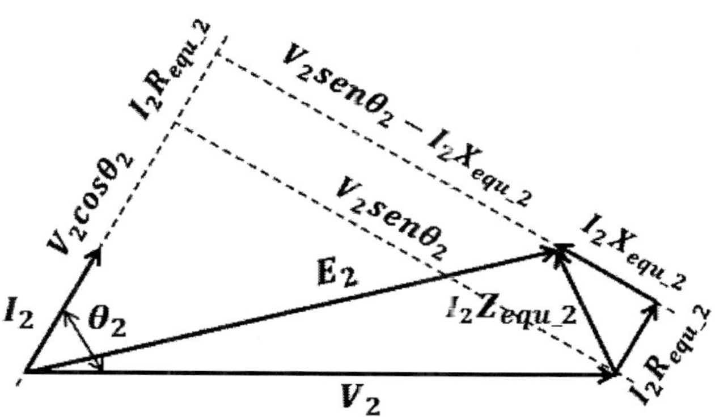

Figura 72 – Diagrama fasorial do transformador com carga acoplada com fator de potência em avanço.

Identicamente ao item **2.5.2**, a projeção da componente real da tensão $\boldsymbol{V_2}$ é $\boldsymbol{V_2 cos\theta_2}$ e da componente imaginária $\boldsymbol{V_2 sen\theta_2}$. A projeção da componente real da tensão $\boldsymbol{E_2}$ é igual a $\left(\boldsymbol{V_2 cos\theta_2 + I_2 R_{equ\_2}}\right)$ e da componente imaginária é igual a $\left(\boldsymbol{V_2 sen\theta_2 - I_2 X_{equ\_2}}\right)$. Logo temos que,

$$\boldsymbol{\overline{E}_2 = \left(V_2 cos\theta_2 + I_2 R_{equ\_2}\right) + j\left(V_2 sen\theta_2 - I_2 X_{equ\_2}\right)} \qquad (2.90)$$

Combinando as equações (2.88), (2.89) e (2.90) em uma só, temos:

$$\boldsymbol{\overline{E}_2 = \left(V_2 cos\theta_2 + I_2 R_{equ\_2}\right) + j\left(V_2 sen\theta_2 \pm I_2 X_{equ\_2}\right)} \qquad (2.91)$$

2.5.4. Exemplo 2.6

Com os dados de placa do transformador de potência do item **2.4.8**, desprezando o ramo de magnetização e com a impedância equivalente referida para o secundário, calcule:

a) O módulo da $\boldsymbol{fem}$ induzida E_2, e a regulação do transformador com carga acoplada no secundário com fator de potência unitário e solicitando 100% da sua corrente nominal;
b) O módulo da $\boldsymbol{fem}$ induzida E_2, e a regulação com fator de potência 0,8 em atraso;
c) O módulo da $\boldsymbol{fem}$ induzida E_2, e a regulação com fator de potência 0,70 em avanço.

Solução:

a) O módulo da $\boldsymbol{fem}$ induzida E_2, e a regulação do transformador com carga acoplada no secundário com fator de potência unitário e solicitando 100% da sua corrente nominal;

Dados de placa do transformador:

$$\mathbf{1,5MVA, 7967V/254V, 60Hz}$$

$$z_1 = 0,15 + j2,33\ \Omega$$

$$z_2 = 0,00015 + j0,0023\ \Omega$$

Refletindo a impedância do primário para o secundário do transformador.

$$z_1' = \frac{z_1}{\alpha^2} = \frac{0,15 + j2,33}{\left(\frac{7967}{254}\right)^2} = 0,00015 + j0,0023\ \Omega$$

Impedância equivalente no secundário.

$$Z_{equ_2} = z_1' + z_2 = (0,00015 + j0,0023\ ) + (0,00015 + j0,0023)$$

$$Z_{equ\_2} = 0,0003 + j0,0046\ \Omega$$

Cálculo da corrente absorvida pela carga.

$$I_c = I_2 = \frac{S_T}{V_2} = \frac{1,5.10^6}{254} = 5905,5\ \text{A}$$

Cálculo da queda de tensão na resistência equivalente do secundário.

$$\Delta V_{R_{equ\_2}} = I_2 R_{equ\_2} = (5905,5)(0,0003) = 1,8\ \text{V}$$

Cálculo da queda de tensão na reatância equivalente do secundário.

$$\Delta V_{X_{equ\_2}} = I_2 X_{equ\_2} = (5905,5)(0,0046) = 27,2\ \text{V}$$

Cálculo de E_2 com fator de potência unitário.

$$\overline{E}_2 = \left(V_2 cos\theta_2 + I_2 R_{equ\_2}\right) + j\left(V_2 sen\theta_2 + I_2 X_{equ\_2}\right)$$

$$\overline{E}_2 = [(254)(1) + (1,8)] + j[(254)(0) + (27,2)]$$

$$\overline{E}_2 = 255,8 + j27,2$$

$$|E_2| = \sqrt{(255,8)^2 + (27,2)^2}$$

$$|E_2| = 257,2 \text{ V}$$

Regulação com fator de potência unitário.

$$R\% = \frac{E_2 - V_2}{V_2}.100 = \left(\frac{257,2 - 254}{254}\right).100 = 1,26\%$$

b) O módulo da fem induzida E_2, e a regulação com fator de potência 0,8 em atraso;

$$\overline{E}_2 = \left(V_2 cos\theta_2 + I_2 R_{equ\_2}\right) + j\left(V_2 sen\theta_2 + I_2 X_{equ\_2}\right)$$

$$V_2 cos\theta_2 + I_2 R_{equ\_2} = (254)(0,8) + (1,8) = 205 \text{ V}$$

$$sen\theta_2 = sen[arcos(0,8)] = sen(36,9°) = 0,6$$

$$V_2 sen\theta_2 + I_2 X_{equ\_2} = (254)(0,6) + (27,2) = 179,6 \text{ V}$$

$$\overline{E}_2 = 205 + j179,6$$

$$|E_2| = \sqrt{(205)^2 + (179,6)^2}$$

$$|E_2| = 272,5\text{V}$$

$$R\% = \frac{E_2 - V_2}{V_2}.100 = \left(\frac{272,5 - 254}{254}\right).100 = 7,3\%$$

c) O módulo da fem induzida E_2, e a regulação com fator de potência 0,70 em avanço.

$$\overline{E}_2 = \left(V_2 cos\theta_2 + I_2 R_{equ\_2}\right) - j\left(V_2 sen\theta_2 + I_2 X_{equ\_2}\right)$$

$$V_2 cos\theta_2 + I_2 R_{equ\_2} = (254)(0,70) + (1,8) = 179,6 \text{ V}$$

$$sen\theta_2 = sen[arcos(0,70)] = sen(45,6°) = 0,71$$

$$V_2 sen\theta_2 + I_2 X_{equ\_2} = (254)(0,71) + (27,2) = 207,5 \text{ V}$$

$$\overline{E}_2 = 179,3 - j207,5$$

$$|E_2| = \sqrt{(179,3)^2 + (207,5)^2}$$

$$|E_2| = 274,2 \text{ V}$$

$$R\% = \frac{E_2 - V_2}{V_2}.100 = \left(\frac{274,2 - 254}{254}\right).100 = 7,9\%$$

Capítulo 3

Transformador trifásico

Como foi visto na sessão (2.4), os transformadores são produzidos de duas formas: os de núcleo envolvido (***core type***), e os de núcleo envolvente (***shell type***). O primeiro transformador por ter o custo bem reduzido, porém, menos eficiente, mas muito utilizado não só nos sistemas de potência, como também nas redes de distribuição das concessionárias e muito frequentemente nas subestações industriais.

O segundo transformador faz parte da família de equipamentos bem mais modernos, de melhor qualidade, com maior eficiência, maior robustez mecânica e consequentemente mais pesado e com o custo bem superior em relação ao primeiro.

Porém, em relação ao custo-benefício, o de núcleo envolvido é bem superior comparado com o de núcleo envolvente, principalmente os transformadores de potência muito elevada, pois a montagem dos transformadores com núcleo envolvente, em termos econômicos torna-se inviável, devido a sua complexidade de inserção dos enrolamentos e a economia de material.

A Figura 73 e a Figura 74 mostram de forma bem simplificada os cortes transversais (a) e as vistas superiores (b) do transformador trifásico de núcleo envolvido e de núcleo envolvente.

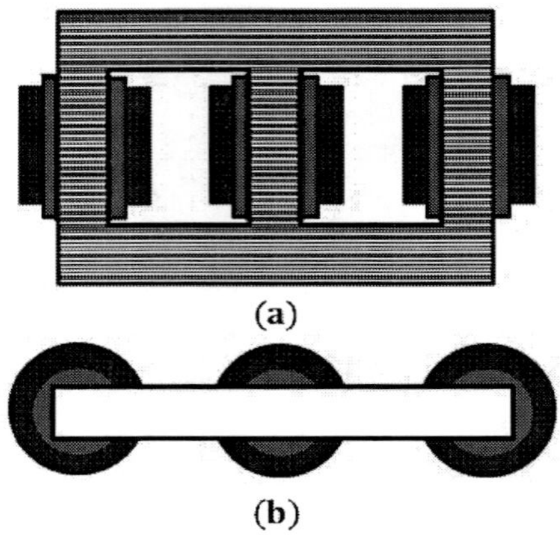

Figura 73 – Transformador trifásico de núcleo envolvido (*core type*): (a) Corte transversal; (b) Vista superior.

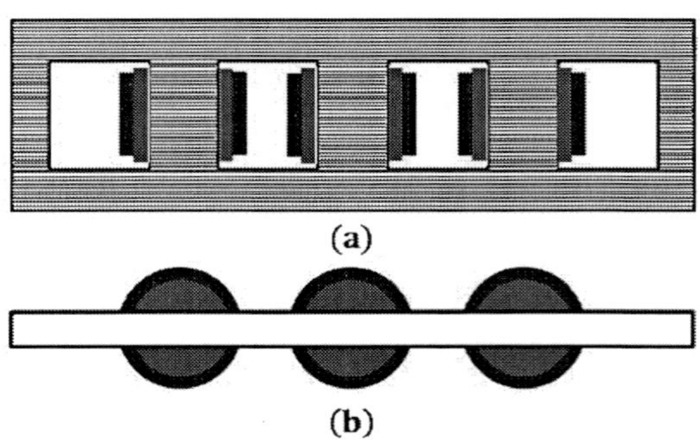

Figura 74 – Transformador trifásico de núcleo envolvente (*shell type*): (a) Corte transversal; (b) Vista superior.

Para converter as tensões para o sistema trifásico pode-se utilizar três unidades de transformação monofásicas independentes e interligadas, comumente denominadas de banco trifásico de transformadores. Outra solução muito utilizada no sistema trifásico é a utilização de um único equipamento chamado de transformador trifásico e é fabricado a partir de três transformadores integrados num único equipamento.

A vantagem do banco de transformadores é que a remoção de uma unidade defeituosa do sistema elétrico interrompe o abastecimento de energia apenas naquela fase, enquanto na ocorrência de um defeito no transformador trifásico, as três fases são interrompidas simultaneamente com a retirada do equipamento. No entanto, o transformador trifásico leva vantagem com relação ao custo da instalação, uma vez que utiliza bem menos material quando fabricado.

Existem diversas conexões para interligar os transformadores, influenciando nas relações entre as tensões e correntes no lado de alta e de baixa, e é esse estudo com as suas respectivas demonstrações que veremos a seguir.

3.1. Relações entre as tensões e correntes nas conexões mais comuns dos transformadores trifásicos

Nos transformadores trifásicos, a relação de transformação, adotada neste livro pela letra grega α (alfa), é determinada pela relação entre o número de espiras do enrolamento primário pelo número de espiras do enrolamento secundário. No caso específico da relação de transformação de tensão, é a relação entre a tensão no enrolamento primário e a tensão no enrolamento secundário. Existem diversas conexões entre os enrolamentos primário e secundário. As mais comuns e para que servem são comentadas sucintamente a seguir:

a) **Estrela – Estrela**. Esta conexão não é muito utilizada por apresentar problemas com a corrente de excitação. Ainda assim apresenta uma vantagem que é a de fornecer dois níveis de tensão, ou seja, fase – neutro e fase – fase;
b) **Estrela – Delta**. É utilizada para converter altas tensões em média e baixa tensão;
c) **Delta – Estrela**. Muito utilizada nos sistemas de distribuição onde se deseja abaixar tensões de média tensão para baixa tensão. Também é usada para elevar tensões;
d) **Delta – Delta**. Uma grande vantagem nesta conexão é a de poder remover um transformador monofásico do banco sem interromper o fornecimento de energia na ligação conhecido como **V** aberto.

Um fato interessante é que nos transformadores, onde um dos lados ou ambos têm delta, esta conexão funciona como um filtro para harmônicas de correntes.

A seguir serão feitas as demonstrações das relações de transformações utilizando os fasores de tensões e correntes nas conexões comentadas anteriormente, iniciando com a conexão descrita no item (a) e assim sucessivamente.

Todos os fasores das tensões e correntes do transformador referidos ao primário estão denotados com subscrito maiúsculo, e as do secundário serão denotadas em minúsculo.

3.1.1. Relações das tensões fasoriais no transformador ideal na conexão estrela – estrela

Seja o diagrama elétrico do transformador na conexão estrela – estrela – Figura 75.

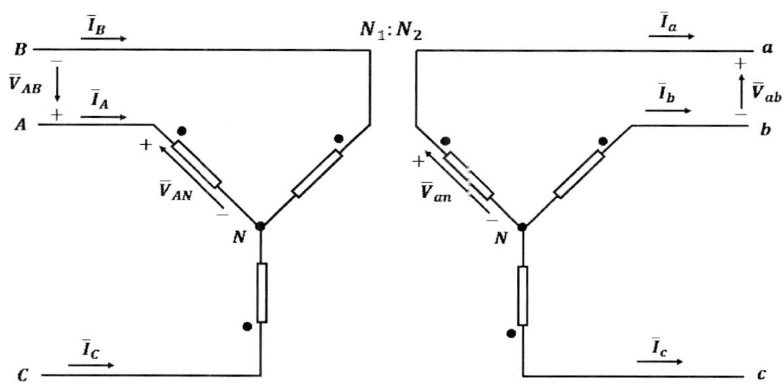

Figura 75 - Transformador na conexão estrela - estrela.

Sejam as seguintes definições:

V_{AB}, V_{BC} e V_{CA}: módulo das tensões de linha no primário do Trafo;

V_{AN}, V_{BN} e V_{CN}: módulo das tensões de fase no primário do Trafo;

V_{ab}, V_{bc} e V_{ca}: módulo das tensões de linha no secundário do Trafo;

V_{an}, V_{bn} e V_{cn}: módulo das tensões de fase no secundário do Trafo.

Considere as tensões, no primário do transformador ideal, simétricas e na sequência direta ABC. Sejam os fasores nas fases **A, B** e **C** no primário do Trafo sendo definidas como,

$$\begin{aligned} \overline{\boldsymbol{V}}_{AN} &= \boldsymbol{V}_{AN}\angle\boldsymbol{\theta} = \boldsymbol{V}\angle\boldsymbol{\theta} \\ \overline{\boldsymbol{V}}_{BN} &= \boldsymbol{V}_{BN}\angle\boldsymbol{\theta} - \mathbf{120^\circ} = \boldsymbol{V}\angle\boldsymbol{\theta} - \mathbf{120^\circ} \\ \overline{\boldsymbol{V}}_{CN} &= \boldsymbol{V}_{CN}\angle\boldsymbol{\theta} + \mathbf{120^\circ} = \boldsymbol{V}\angle\boldsymbol{\theta} + \mathbf{120^\circ} \end{aligned} \tag{3.1}$$

Os fasores das tensões de linha no primário do Trafo são definidos por,

$$\begin{aligned} \overline{\boldsymbol{V}}_{AB} &= \sqrt{\mathbf{3}}\overline{\boldsymbol{V}}_{AN}\angle\mathbf{30^\circ} = \sqrt{\mathbf{3}}\boldsymbol{V}\angle\boldsymbol{\theta} + \mathbf{30^\circ} \\ \overline{\boldsymbol{V}}_{BC} &= \sqrt{\mathbf{3}}\overline{\boldsymbol{V}}_{BN}\angle\mathbf{30^\circ} = \sqrt{\mathbf{3}}\boldsymbol{V}\angle\boldsymbol{\theta} - \mathbf{90^\circ} \\ \overline{\boldsymbol{V}}_{CA} &= \sqrt{\mathbf{3}}\overline{\boldsymbol{V}}_{CN}\angle\mathbf{30^\circ} = \sqrt{\mathbf{3}}\boldsymbol{V}\angle\boldsymbol{\theta} + \mathbf{150^\circ} \end{aligned} \tag{3.2}$$

A relação de transformação de espiras é dada por,

$$\boldsymbol{\alpha} = \frac{\boldsymbol{N}_1}{\boldsymbol{N}_2}$$

A relação de transformação de tensão entre os enrolamentos primário e secundário para esta conexão é definida por,

$$\boldsymbol{\alpha} = \frac{\overline{\boldsymbol{V}}_{AN}}{\overline{\boldsymbol{V}}_{an}} \tag{3.3}$$

Isolando a tensão de fase $\overline{\boldsymbol{V}}_{an}$,

$$\overline{\boldsymbol{V}}_{an} = \frac{\overline{\boldsymbol{V}}_{AN}}{\boldsymbol{\alpha}} \tag{3.4}$$

Onde,

$$\overline{\boldsymbol{V}}_{an} = \frac{\boldsymbol{V}\angle\boldsymbol{\theta}}{\boldsymbol{\alpha}} \tag{3.5}$$

Temos que a tensão de linha no secundário do transformador é dada por,

$$\overline{\boldsymbol{V}}_{ab} = \sqrt{\mathbf{3}}\overline{\boldsymbol{V}}_{an}\angle\mathbf{30^\circ} \tag{3.6}$$

Logo,

$$\overline{V}_{ab} = \sqrt{3}\left(\frac{V\angle\theta}{\alpha}\right)\angle 30° = \frac{\sqrt{3}V\angle\theta + 30°}{\alpha} \tag{3.7}$$

Relacionando os fasores das tensões de linha do primário e secundário temos,

$$\frac{\overline{V}_{AV}}{\overline{V}_{ab}} = \frac{\sqrt{3}V\angle\theta + 30°}{\frac{\sqrt{3}V\angle\theta + 30°}{\alpha}}$$

$$\frac{\overline{V}_{AV}}{\overline{V}_{ab}} = \alpha \tag{3.8}$$

Onde (3.8) é a relação de transformação de tensão calculada a partir dos fasores das tensões de linha na conexão estrela-estrela.

3.1.2. Relações das correntes fasoriais no transformador ideal na conexão estrela – estrela

Uma característica importante dos transformadores é que a potência aparente no lado primário é igual à potência aparente do lado secundário. Supondo o transformador ideal a potência complexa é dada por:

$$\overline{S}_{YY} = 3\overline{V}_{AN}(\overline{I}_A)^* = 3\overline{V}_{an}(\overline{I}_a)^* \tag{3.9}$$

Isolando as correntes e tensões em cada membro da equação (3.9) temos,

$$\left(\frac{\overline{I}_A}{\overline{I}_a}\right)^* = \frac{\overline{V}_{an}}{\overline{V}_{AN}} \tag{3.10}$$

Substituindo a relação inversa das tensões de fase em (3.4) no segundo membro de (3.10), e rearranjando a equação,

$$\left(\frac{\overline{I}_A}{\overline{I}_a}\right)^* = \frac{1}{\alpha}$$

$$\frac{\bar{I}_A}{\bar{I}_a} = \left(\frac{1}{\alpha}\right)^*$$

$$\frac{\bar{I}_A}{\bar{I}_a} = \frac{1}{\alpha} \tag{3.11}$$

Onde (3.11) é a relação de transformação de corrente entre o primário e secundário na conexão estrela – estrela.

Supondo a corrente de linha no primário definida por,

$$\bar{I}_A = I\angle\delta \tag{3.12}$$

Isolando $\bar{I}_a$ em (3.11) temos,

$$\bar{I}_a = \alpha\bar{I}_A = \alpha I\angle\delta \tag{3.13}$$

Na Figura 76 é mostrado o diagrama elétrico com as relações das tensões e correntes de uma das fases do transformador entre o primário e o secundário na conexão estrela – estrela.

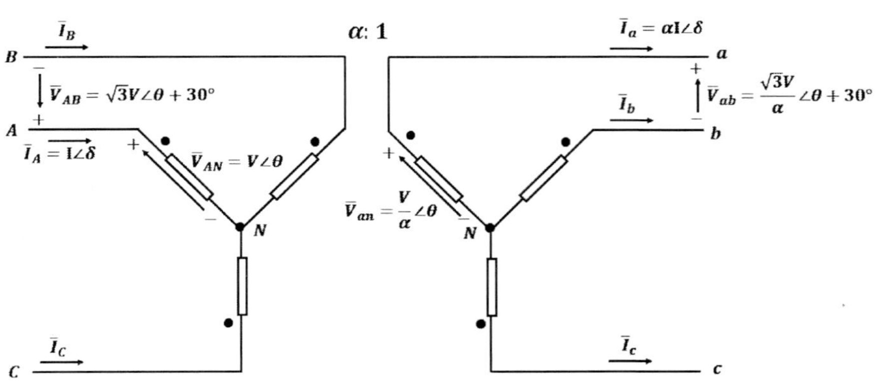

Figura 76 – Diagrama elétrico das relações entre tensões e correntes no transformador na conexão estrela - estrela.

3.1.3. Relações das tensões fasoriais no transformador ideal na conexão estrela – delta

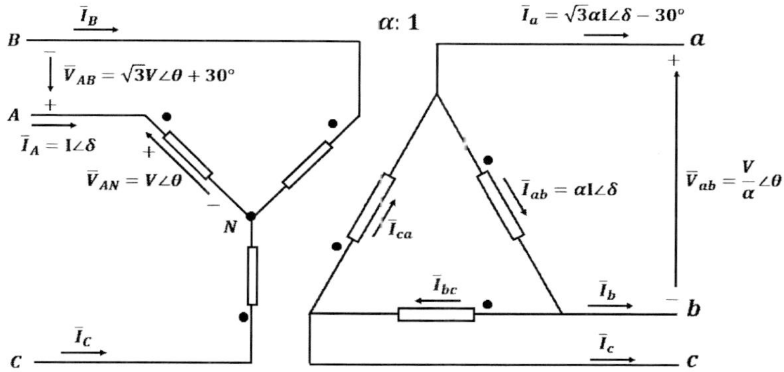

Figura 77 - Transformador na conexão estrela - delta.

Da Figura 77, temos que a relação dos fasores das tensões entre os enrolamentos primário e secundário é dada por,

$$\boldsymbol{\alpha = \frac{\overline{V}_{AN}}{\overline{V}_{ab}}} \tag{3.14}$$

Isolando $\boldsymbol{\overline{V}_{ab}}$,

$$\boldsymbol{\overline{V}_{ab} = \frac{\overline{V}_{AN}}{\alpha}} \tag{3.15}$$

Onde,

$$\boldsymbol{\overline{V}_{ab} = \frac{V\angle\theta}{\alpha}} \tag{3.16}$$

A tensão de linha no primário do transformador é definida por,

$$\boldsymbol{\overline{V}_{AB} = \sqrt{3}\overline{V}_{AN}\angle 30^\circ = \sqrt{3}V\angle\theta + 30^\circ}$$

Relacionando os fasores das tensões de linha do primário e secundário temos,

$$\frac{\overline{V}_{AB}}{\overline{V}_{ab}} = \frac{\sqrt{3}V\angle\theta + 30°}{\frac{V\angle\theta}{\alpha}}$$

$$\frac{\overline{V}_{AB}}{\overline{V}_{ab}} = \sqrt{3}\alpha\angle 30° \quad (3.17)$$

Conforme (3.17), na conexão estrela – delta os fasores das tensões de linha do primário estão adiantados **30°** em relação aos fasores das tensões do secundário.

3.1.4. Relações das correntes fasoriais no transformador ideal na conexão estrela – delta

A potência aparente complexa nos lados primário e secundário do transformador ideal para a conexão estrela – delta é dada por

$$\overline{S}_{Y\Delta} = 3\overline{V}_{AN}(\overline{I}_A)^* = 3\overline{V}_{ab}(\overline{I}_{ab})^* \quad (3.18)$$

Isolando as correntes e tensões da equação anterior e fazendo algumas manipulações obtemos,

$$\overline{V}_{AN}(\overline{I}_A)^* = \overline{V}_{ab}(\overline{I}_{ab})^*$$

$$\left(\frac{\overline{I}_A}{\overline{I}_{ab}}\right)^* = \frac{\overline{V}_{ab}}{\overline{V}_{AN}}$$

$$\left(\frac{\overline{I}_A}{\overline{I}_{ab}}\right)^* = \frac{1}{\alpha}$$

$$\frac{\overline{I}_A}{\overline{I}_{ab}} = \left(\frac{1}{\alpha}\right)^*$$

$$\frac{\overline{I}_A}{\overline{I}_{ab}} = \frac{1}{\alpha}$$

$$\frac{\bar{I}_A}{\frac{\bar{I}_a}{\sqrt{3}}\angle 30^\circ} = \frac{1}{\alpha}$$

$$\frac{\sqrt{3}\bar{I}_A\angle -30^\circ}{\bar{I}_a} = \frac{1}{\alpha}$$

$$\frac{\bar{I}_A}{\bar{I}_a} = \frac{1}{\alpha\sqrt{3}}\angle 30^\circ \tag{3.19}$$

Da equação (3.19) percebe-se que a defasagem entre os Fasores das correntes de linha é a mesma das tensões.

Isolando $\bar{I}_a$ em (3.19) temos,

$$\bar{I}_a = \alpha\sqrt{3}\bar{I}_A\angle -30^\circ$$

$$\bar{I}_a = \alpha\sqrt{3}(I\angle\delta)\angle -30^\circ$$

Logo,

$$\bar{I}_a = \alpha\sqrt{3}I\angle\delta - 30^\circ$$

Na Figura 78 a seguir temos o diagrama elétrico com as relações dos módulos das tensões e correntes no transformador entre o primário e o secundário na conexão estrela – delta.

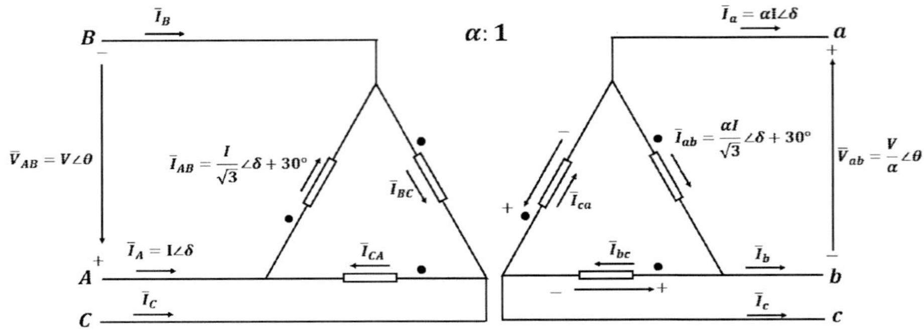

Figura 78 – Diagrama elétrico das relações entre tensões e correntes no Transformador na conexão estrela - delta.

3.1.5. Relações das tensões fasoriais no transformador ideal na conexão delta – estrela

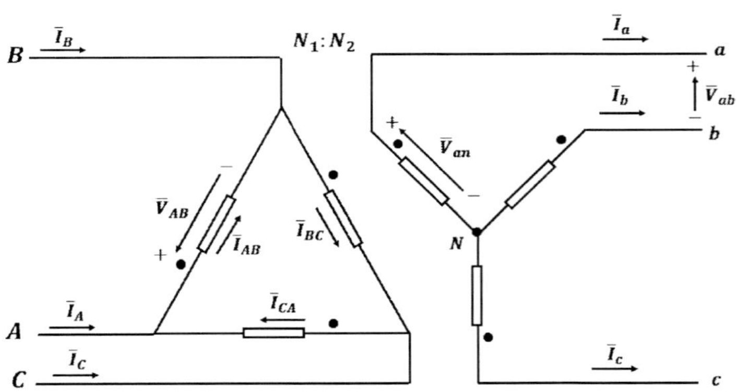

Figura 79 - Transformador na conexão delta – estrela.

Da Figura 79, temos que a relação de transformação de tensão entre o primário e o secundário é,

$$\alpha = \frac{\overline{\boldsymbol{V}}_{AB}}{\overline{\boldsymbol{V}}_{an}} \tag{3.20}$$

Isolando $\overline{\boldsymbol{V}}_{an}$,

$$\overline{\boldsymbol{V}}_{an} = \frac{\overline{\boldsymbol{V}}_{AB}}{\alpha}$$

$$\overline{\boldsymbol{V}}_{an} = \frac{\boldsymbol{V}\angle\boldsymbol{\theta}}{\alpha} \tag{3.21}$$

Temos que,

$$\overline{\boldsymbol{V}}_{ab} = \sqrt{3}\overline{\boldsymbol{V}}_{an}\angle\boldsymbol{30^\circ} = \sqrt{3}\left(\frac{\boldsymbol{V}\angle\boldsymbol{\theta}}{\alpha}\right)\angle\boldsymbol{30^\circ} \tag{3.22}$$

Relacionando o fasor da tensão de linha do primário com a tensão de linha do secundário resulta,

$$\frac{\overline{\boldsymbol{V}}_{AB}}{\overline{\boldsymbol{V}}_{ab}} = \frac{\boldsymbol{V}\angle\boldsymbol{\theta}}{\sqrt{3}\left(\frac{\boldsymbol{V}\angle\boldsymbol{\theta}}{\alpha}\right)\angle\boldsymbol{30^\circ}}$$

$$\frac{\overline{\boldsymbol{V}}_{AB}}{\overline{\boldsymbol{V}}_{ab}} = \frac{\alpha}{\sqrt{3}}\angle-\boldsymbol{30^\circ} \tag{3.23}$$

Conforme (3.23), na conexão delta – estrela os fasores das tensões de linha do primário estão atrasados 30° em relação aos fasores das tensões de linha do secundário.

3.1.6. Relações das correntes fasoriais no transformador ideal na conexão delta – estrela

A potência aparente complexa no primário e secundário do transformador para a conexão delta – estrela é dada por,

$$\overline{\boldsymbol{S}}_{\Delta Y} = 3\overline{\boldsymbol{V}}_{AB}(\overline{\boldsymbol{I}}_{AB})^* = 3\overline{\boldsymbol{V}}_{an}(\overline{\boldsymbol{I}}_{a})^* \tag{3.24}$$

Onde,

$$\overline{\boldsymbol{V}}_{AB}(\overline{\boldsymbol{I}}_{AB})^* = \overline{\boldsymbol{V}}_{an}(\overline{\boldsymbol{I}}_{a})^* \tag{3.25}$$

Isolando as correntes e tensões da equação anterior e fazendo algumas manipulações obtemos,

$$\left(\frac{\overline{\boldsymbol{I}}_{AB}}{\overline{\boldsymbol{I}}_{a}}\right)^* = \frac{\overline{\boldsymbol{V}}_{an}}{\overline{\boldsymbol{V}}_{AB}}$$

$$\left(\frac{\overline{\boldsymbol{I}}_{AB}}{\overline{\boldsymbol{I}}_{a}}\right)^* = \frac{\boldsymbol{1}}{\boldsymbol{\alpha}}$$

$$\frac{\overline{\boldsymbol{I}}_{AB}}{\overline{\boldsymbol{I}}_{a}} = \left(\frac{\boldsymbol{1}}{\boldsymbol{\alpha}}\right)^*$$

$$\frac{\overline{\boldsymbol{I}}_{AB}}{\overline{\boldsymbol{I}}_{a}} = \frac{\boldsymbol{1}}{\boldsymbol{\alpha}}$$

$$\frac{\frac{\overline{\boldsymbol{I}}_{A}}{\sqrt{3}}\angle\boldsymbol{30^\circ}}{\overline{\boldsymbol{I}}_{a}} = \frac{\boldsymbol{1}}{\boldsymbol{\alpha}}$$

$$\frac{\boldsymbol{1}}{\sqrt{3}}\frac{\overline{\boldsymbol{I}}_{A}}{\overline{\boldsymbol{I}}_{a}}\angle\boldsymbol{30^\circ} = \frac{\boldsymbol{1}}{\boldsymbol{\alpha}}$$

$$\frac{\overline{\boldsymbol{I}}_{A}}{\overline{\boldsymbol{I}}_{a}} = \frac{\sqrt{3}}{\boldsymbol{\alpha}}\angle - \boldsymbol{30^\circ} \tag{3.26}$$

Na conexão delta – estrela identicamente aos fasores das tensões, os fasores das correntes primárias estão atrasados de **30°** em relação aos fasores das correntes secundárias.

Isolando $\overline{\boldsymbol{I}}_{a}$ em (3.26) temos,

$$\bar{I}_a = \frac{\alpha \bar{I}_A}{\sqrt{3}} \angle 30^\circ$$

$$\bar{I}_a = \frac{\alpha (I \angle \delta)}{\sqrt{3}} \angle 30^\circ$$

Logo,

$$\bar{I}_a = \frac{\alpha I}{\sqrt{3}} \angle \delta + 30^\circ$$

A Figura 80 mostra o diagrama elétrico com as relações entre os módulos das tensões e correntes no transformador na conexão delta – estrela.

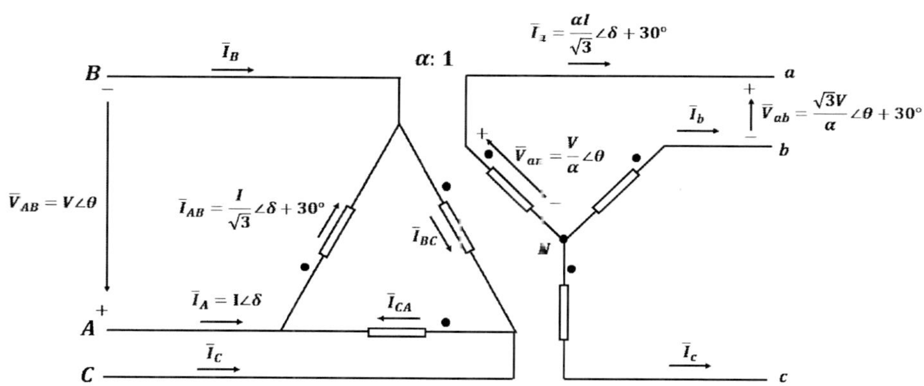

Figura 80 – Diagrama elétrico das relações entre tensões e correntes no Transformador na conexão delta - estrela.

3.1.7. Relações das tensões no transformador ideal na conexão delta – delta

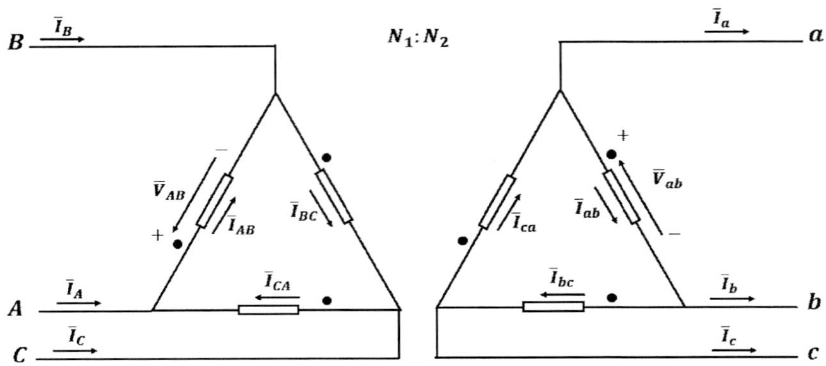

Figura 81 - Transformador na conexão delta - delta.

Na Figura 81, conexão delta-delta, os fasores das tensões de linha e de fase são iguais e a relação de transformação da tensão é dada por (3.27).

$$\frac{\bar{V}_{AB}}{\bar{V}_{ab}} = \frac{V\angle\theta}{\frac{V\angle\theta}{\alpha}} = \alpha \tag{3.27}$$

3.1.8. Relações das correntes fasoriais no transformador ideal na conexão delta – delta

A potência aparente complexa no primário e secundário do transformador para a conexão delta – delta é dada por,

$$\bar{S}_{\Delta\Delta} = 3\bar{V}_{AB}(\bar{I}_{AB})^* = 3\bar{V}_{ab}(\bar{I}_{ab})^* \tag{3.28}$$

Isolando as correntes e tensões da equação anterior,

$$\left(\frac{\overline{I}_{AB}}{\overline{I}_{ab}}\right)^* = \frac{\overline{V}_{ab}}{\overline{V}_{AB}}$$

$$\left(\frac{\overline{I}_{AB}}{\overline{I}_{ab}}\right)^* = \frac{1}{\alpha}$$

$$\frac{\overline{I}_{AB}}{\overline{I}_{ab}} = \left(\frac{1}{\alpha}\right)^*$$

$$\frac{\overline{I}_{AB}}{\overline{I}_{ab}} = \frac{1}{\alpha}$$

$$\frac{\frac{\overline{I}_A}{\sqrt{3}}\angle 30^\circ}{\frac{\overline{I}_a}{\sqrt{3}}\angle 30^\circ} = \frac{1}{\alpha}$$

$$\frac{\overline{I}_A}{\overline{I}_a} = \frac{1}{\alpha} \tag{3.29}$$

Isolando $\overline{I}_a$ em (3.29) temos,

$$\overline{I}_a = \alpha \overline{I}_A$$

$$\overline{I}_a = \alpha I \angle \delta$$

A tensão de fase no secundário do Trafo é definida por,

$$\overline{I}_{ab} = \frac{\overline{I}_a}{\sqrt{3}}\angle 30^\circ$$

Logo,

$$\overline{I}_{ab} = \frac{(\alpha I \angle \delta)}{\sqrt{3}}\angle 30^\circ = \frac{\alpha I}{\sqrt{3}}\angle \delta + 30^\circ$$

Na Figura 82 temos o diagrama elétrico com as relações entre os módulos das tensões e correntes no transformador na conexão delta – delta.

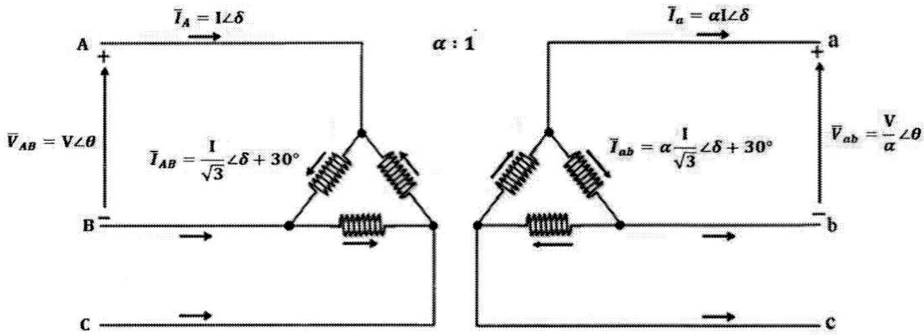

Figura 82 – Diagrama elétrico das relações entre tensões e correntes no Transformador com a conexão delta - estrela.

3.1.9. Exemplo 3.1

Um transformador trifásico alimenta uma carga trifásica balanceada, conforme mostrado no diagrama abaixo. A fonte que alimenta o transformador é simétrica e na sequência direta ABC. Encontre as correntes fasoriais no secundário e no primário do transformador.

$$\begin{cases} \bar{V}_{an} = 220\angle 0° \\ \bar{I}_a = 1000\angle -36,9° \end{cases}$$

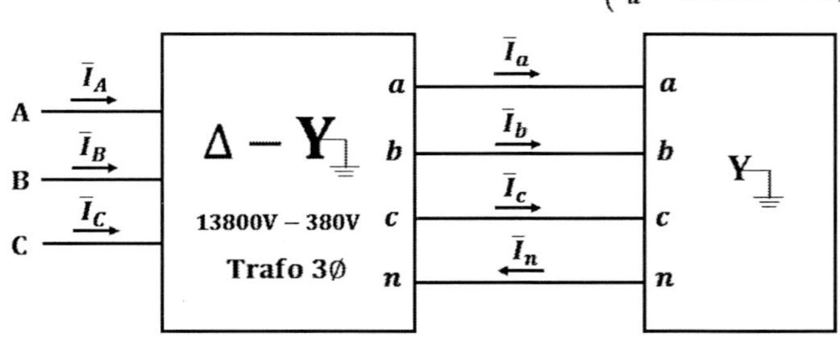

Figura 83 – Diagrama elétrico de um transformador trifásico alimentado uma carga trifásica.

Solução:

Como a carga é balanceada temos que os fasores das correntes de linha são:

$$\begin{cases} \bar{I}_a = 1000\angle -36,9^\circ\ A \\ \bar{I}_b = 1000\angle -156,9^\circ\ A \\ \bar{I}_c = 1000\angle 83,1^\circ\ A \end{cases}$$

$$\bar{I}_n = \bar{I}_a + \bar{I}_b + \bar{I}_c = 0$$

A partir de (3.26) calculamos a corrente de linha no terminal **A** do primário do transformador, ou seja,

$$\frac{\bar{I}_A}{\bar{I}_a} = \frac{\sqrt{3}}{\alpha}\angle -30^\circ$$

$$\bar{I}_A = \frac{\sqrt{3}}{\alpha}\bar{I}_a\angle -30^\circ$$

Calculando a relação de transformação de tensão.

$$\alpha = \frac{13800}{\left(\frac{380}{\sqrt{3}}\right)} = \frac{13800}{220} = 62,73$$

Logo,

$$\bar{I}_A = \frac{\sqrt{3}}{62,73}(1000\angle -36,9^\circ)\angle -30^\circ$$

$$\bar{I}_A = 27,6\angle -66,9^\circ A$$

Temos então,

$$\begin{cases} \bar{I}_A = 27,6\angle -66,9°\ A \\ \bar{I}_B = 27,6\angle -186,9°\ A \\ \bar{I}_C = 27,6\angle 53,1°\ A \end{cases}$$

As correntes de fase no primário do transformador são $\sqrt{3}$ menores que as correntes de linha e estão adiantados de $30°$, logo,

$$\bar{I}_{AB} = \frac{\bar{I}_A}{\sqrt{3}}\angle 30°$$

$$\bar{I}_{AB} = \frac{(27,6\angle -66,9°)}{\sqrt{3}}\angle 30° = 15,9\angle -36,9° A$$

Portanto,

$$\begin{cases} \bar{I}_{AB} = 15,9\angle -36,9°\ A \\ \bar{I}_{BC} = 15,9\angle -156,9°\ A \\ \bar{I}_{CA} = 15,9\angle 83,1°\ A \end{cases}$$

3.1.10. Exemplo 3.2

Ainda com relação ao **Exemplo 3.1** calcule a impedância, a potência ativa, reativa e aparente da carga.

Como a carga está na conexão estrela e é balanceada temos que,

$$Z_a = \frac{\bar{V}_{an}}{\bar{I}_{an}} = \frac{220\angle 0°}{1000\angle -36,9°} = 0,22\angle 36,9°\Omega$$

$$Z_b = Z_c = Z_a = 0,22\angle 36,9°\Omega$$

Convertendo a impedância para a forma retangular,

$$Z_a = R_a + jX_a$$

$$R_a = |Z_a|cos(36,9°)$$

$$X_a = |Z_a|sen(36,9°)$$

$$Z_a = (0,22)cos(36,9°) + j(0,22)sen(36,9°)\Omega$$

$$Z_a = 0,176 + j0,132\ \Omega$$

Cálculo da potência ativa e reativa por fase na carga.

$$\mathrm{P_a} = (\mathrm{I_a})^2\mathrm{R_a} = (1000)^2(0,176) = 176000\ \mathrm{W}$$

$$\mathrm{Q_a} = (\mathrm{I_a})^2\mathrm{X_a} = (1000)^2(0,132) = 132000\ \mathrm{VAr}$$

Cálculo da potência ativa e reativa total na carga.

$$\mathrm{P_{carga}} = 3\mathrm{P_a} = 3.(176000) = 528000\ \mathrm{W}$$

$$\mathrm{Q_{carga}} = 3\mathrm{X_a} = 3.(132000) = 396000\ \mathrm{VAr}$$

Cálculo da potência aparente na carga.

$$\overline{S}_{carga} = P_{carga} + jQ_{carga} = 528000 + j396000\ \mathrm{VA}$$

$$\overline{S}_{carga} = 660000\angle 36,9°\ \mathrm{VA}$$

Referências bibliográficas

AGUIAR, Ezequiel Rabelo de; Análise de resposta em frequência aplicada em transformadores de potência. Universidade Federal de Minas Gerais - PPGEE/UFMG – Março, 2007.

ALBUQUERQUE, R. O. Análise de Circuitos em Corrente Alternada. 2. Ed. São Paulo: Érica, 2007.

ALMEIDA, Wilson Gonçalves de; FREITAS, Francisco Damasceno. Circuitos Polifásicos – 1ª versão – Finatec, 1995.

ALEXANDER, Charles K., SADIKU, Matthew. Fundamentos de Circuitos Elétricos – 5ª Edição - McGraw - Hill do Brasil, 2013.

ÁVILA, Geraldo. Variáveis Complexas e Aplicações. 3. Ed. Rio de Janeiro, RJ: LTC, 2000.

BEIRIGO, Thiago. Números Complexos. Clube de Autores, 2016.

BOYLESTAD, Robert L. Introdução à Análise de Circuitos. 12. Ed. – São Paulo: Pearson Prentice Hall, 2012.

BURIAN, Jr. Yaro; LYRA, Ana Cristina Cavalcanti. Circuitos Elétricos. São Paulo - Pearson Prentice Hall, 2006.

DEL TORO, V., "Fundamentos de Máquinas Elétricas", Prentice Hall do Brasil, Rio de Janeiro, 1994.

DORF, Richard C., SVOBODA, James A, BIASI, Ronaldo Sergio de. Introdução aos Circuitos Elétricos – 7 Ed. - Grupo Gen - LTC, 2008.

DESOER, Charles A., KUH, Ernest S. TEORIA BÁSICA DE CIRCUITOS. Editora Guanabara Dois, 1979.

EDMINISTER, Joseph A. Circuitos Elétricos – Coleção Schaum. Reedição da Edição Clássica. 2. Ed. São Paulo, 1991.

EDMINISTER, Joseph A.; NAHVI, Mahmood. Circuitos Elétricos – Coleção Schaum. 5. Ed. São Paulo, 2014.

FITZGERALD, A. E., KINSLEY, C., KUSKO, A., "Máquinas Elétricas", McGraw Hill, São Paulo, 1979.

HAYT JUNIOR, William Hart; KEMMERLY, Jack E.; DURBIN, Steven M. Análise de circuitos em engenharia. 7. Edição. São Paulo: McGraw-Hill, 2008.

JOHNSON, David E.; HILBURN, John L.; JOHNSON, Johnny R. Fundamentos de análise de circuitos elétricos. 4. ed. Rio de Janeiro, RJ: LTC, 1994.

KINDERMANN, Geraldo. Curto-Circuito – Florianópolis: 5. Ed. do autor, 2010.

KOSOW, Irving Lionel. Máquinas Elétricas e Transformadores. Traduzido por Felipe Luís Daiello e Percy Antônio Soares. Porto Alegre, Globo, 1982.

MARKUS, O. Circuitos Elétricos – Corrente Contínua e Corrente Alternada – Teoria e exercícios. São Paulo: Érica, 2011.

MILLER, Wilhelm C.; ROBBINS, Allan H. Análise de Circuitos – Vol. 1 - Teoria e Prática. Cengage Learning, 2009.

MILLER, Wilhelm C.; ROBBINS, Allan H. Análise de Circuitos – Vol. 2 - Teoria e Prática. Cengage Learning, 2009.

MOHAN, Ned. Sistemas Elétricos de Potência – Curso Introdutório. 1. Ed. Rio de Janeiro. LTC, 2016.

MONTICELLI, Alcir.; GARCIA, Ariovaldo. Introdução a Sistemas de Energia Elétrica. Editora Unicamp, 1. Ed. Campinas – São Paulo, 2003.

MOURA, Ailson Pereira de at al. Analise de Circuitos em Corrente Alternada para Sistemas de Potência. Artliber editora – São Paulo, 2018.

NAHVI, Mahmood. Teoria e problemas de circuitos elétricos. 4. ed. Porto Alegre, RS: Bookman, 2008.

NASAR, S. A., "Máquinas Elétricas", Coleção Schaum, McGraw-Hill, São Paulo, 1984.

NILSSON, James William; RIEDEL, Susan A. Circuitos elétricos. 8. ed. Rio de Janeiro: Pearson Prentice Hall, 2010.

OLIVEIRA, Carlos Cesar Barioni et al. Introdução a Sistemas Elétricos de Potência. Ed. Blucher, 2000.

O'MALLEY, John. Análise de Circuitos. 2.ed. São Paulo: Makron Books, 1993

PAIVA, José Pedro Sucena. Redes de Energia Eléctrica. 4 ed – Lisboa – PRESS, 2015.

PEREIRA, Clever. Redes Elétricas: No domínio da frequência – 1. ed. – São Paulo – Artliber.

SLEMON, G. R., "Equipamentos Magnetelétricos", Livros Técnicos e Científicos, São Paulo, 1974.

Impressão e acabamento
Gráfica da Editora Ciência Moderna Ltda.
Tel: (21) 2201-6662

ANOTAÇÕES

Impressão e acabamento
Gráfica da Editora Ciência Moderna Ltda.
Tel: (21) 2201-6662